享受不再纠结的人生

Xiangshou Buzaijiujiede
Rensheng

陈　廷◎编著

中国华侨出版社

图书在版编目（CIP）数据

享受不再纠结的人生/陈廷编著 . —北京：中国华侨出版社，
2011.10（2021.4重印）

ISBN 978 - 7 - 5113 - 1726 - 1

Ⅰ.①享… Ⅱ.①陈… Ⅲ.①人生哲学—通俗读物
Ⅳ.①B821 - 49

中国版本图书馆 CIP 数据核字（2011）第 183753 号

● 享受不再纠结的人生

编　　著/陈　廷

责任编辑/严晓慧

封面设计/纸衣裳书装

经　　销/新华书店

开　　本/710 毫米×1000 毫米　1/16　印张/18　字数/240 千字

印　　刷/三河市嵩川印刷有限公司

版　　次/2011年12月第1版　2021年4月第2次印刷

书　　号/ISBN 978 - 7 - 5113 - 1726 - 1

定　　价/48.00 元

中国华侨出版社　　北京朝阳区静安里 26 号通成达大厦 3 层　　邮编 100028

法律顾问：陈鹰律师事务所

编辑部：（010）64443056　　64443979

发行部：（010）64443051　　传真：64439708

网　　址：www. oveaschin. com

e - mail：oveaschin@ sina. com

前言 PREFACE

人活着，最重要的就是快乐。要想快乐，就要遇事想得开、分得明，把心事放下，理智地去应对每一件事。当然，要做到把烦恼抛开并不容易，所以，要经营好人生，应该少去想那些不切实际的东西，少去为那些不现实的东西烦忧，做好自己该做的事，你就会成为快乐的人！

然而，人们却不懂得这个道理，时时处处都喜欢计较，计较得失、输赢、名利、财富、生活中不值得一提的小事……计较这些，计较那些，总是看到心外的财富，没有发现心中无穷尽的财富；总放着身边取之不尽、用之不竭的宝藏不用，去窃取外在有形的宝藏。在这种心态的驱使下，人们在不知不觉中开始变得忧郁、苦闷、爱发脾气，在这种困扰之下，很多人陷入了单一的生活和繁杂的工作之中，面对眼前的事情，往往会显得力不从心，往日的激情与乐观消失殆尽……

其实，世间的苦与乐本无绝对界限，这中间的差别在于每个人的主观取舍和思考方法的不同。此时此刻，心灵最需要的是一片宁静的天地。生命需要隐逸，心灵需要蛰居，在蛰居中为未来做好准备，这才是心灵最终的追求。这种追求不是建立在世俗物质基础之上的，而是一份宁静、温馨、淡泊的惬意，仅此而已。

生活在都市里的人们多是浮躁的，人们常常被眼前的利益所迷惑。为了解决都市人的困惑，本书选取了感恩、知足、宽容、珍惜、

淡定、挣脱、放下、活在今天这八方面的内容，通过一系列富有哲理的故事，讲述了如何让人们摆脱心理压力、心理空虚，学会感恩、学会珍惜等智慧。希望通过书中深入浅出的道理，帮您消解心理的困惑，帮你找到快乐的秘方。当你懂得了书中的这些哲理，你会发现，生活并不如你想象的那么困难。正如哲学家说："人的命运就握在自己的手里。"世界上从来没有什么救世主，一切只能靠自己，必须靠自己。而要想让自己走上一条幸福的捷径，摆脱世俗的困惑，人就必须懂得闭上眼睛，用心灵看世界。

其实，生活很简单，只要你能静下心来，闭上眼睛好好审视一下这个世界，那么你就会明白其中的道理。

闭上眼睛看世界，看到自己，看到他人；看到心，看到身；看到美好，看到希望，看到五光十色；看到如果，看到也许；看到广博，看到深邃！

目录 CONTENTS

第一章　感恩，上帝给谁的都不会太少

　　我们都明白自然界中生物链的道理，生命的整体是相互依存的，任何生物都不可能不依赖于别的生物而独立存在。父母的养育、师长的教诲、配偶的关爱、他人的服务、大自然的赐予……人自从有了生命，便沉浸在恩惠的海洋里。我们一旦明白了这个道理，就会感恩父母的养育，感恩他人的帮助，感恩社会的繁荣，感恩大自然的福佑，感恩食之香甜，感恩衣之温暖，感恩蓝天白云的赏心悦目，感恩苦难逆境的磨炼。这样的话，我们的一生就会是很快乐的。

第二章　知足，享受点滴快乐

知足是一种处世态度，常乐是一种幽幽释然的情怀。知足常乐，贵在调节，这是一种人生底色。当我们因忙于追求、拼搏而迷失方向的时候，知足常乐这种宁静与温馨，对于风雨兼程的我们是一个避风的港湾。

第三章　宽容，这样活才不累

莎士比亚曾经说过："宽恕人家不能宽恕的，是一种高贵的行为。"人生无坦途，在漫长的道路上，谁都无法避免地要遇上一些不幸。人的一生，犹如簇簇繁花，既有耀眼之处，也有萧条之时，以宽容的心态对待生活、对待他人，这才是一种智慧的生活态度这样活才不累。

目录

第四章　珍惜，做好生命的管家

　　面对人生，我们有失有得。仔细审视过去，仍然是得大于失，所以不必耿耿于失去的和得不到的。若总是苦苦追寻失去的，不但不能失而复得还徒增了烦恼和伤感。珍惜你已拥有的和将要拥有的，就能享受生活的馈赠，获得心理上的宁静，拥有一个潇洒的人生！

第五章　淡定，别样人生不纠结

　　人生在世，要活得明白、活得痛快，就要保持淡定：受到冷落时要保持淡定，遭到嘲讽时要保持淡定，受了委屈时要保持淡定，遇到不平时要保持淡定，有了疾病时要保持淡定，丢了钱财时要保持淡定，碰到挫折时要保持淡定，有了灾祸时要保持淡定……保持淡定，是一种风采、是一种胸怀；保持淡定，是一种气派、是一种境界；保持淡定，是生活技巧、是为人的哲学、是处世的艺术。

目录

第六章　挣脱，打破心灵的瓶颈

　　一只小螃蟹在玻璃瓶里长大了，它想要往上爬，但瓶子的颈部却将其卡住，这只螃蟹要花费很大力气才能摆脱瓶颈，走向更广阔的世界。我们每个人的心中也都有一个瓶颈，它就像是一道横在成功与失败间的一道槛，一旦我们迈过了心中的那道槛，那么就会获得成功。只是大多数人热衷于或者宁愿望着那道槛打发时光，却不愿抬一下腿迈过去，去领略无限风光。

第七章　放下，人生无需太圆满

　　在人生路上，很多时候得亦是失，失亦是得，得中有失，失中有得，在得与失之间，我们无须不停地徘徊，更不必苦苦地挣扎。我们应该用一种平常心来看待生活中的得与失，要清楚对自己来说什么才是最重要的，然后主动放弃那些可有可无、不触及生命意义的东西，以求得生命中最有价值、最纯粹的东西。

第八章　活在当下，大彻大悟的智慧

真正的满足不是在"以后"，而是在"此时此刻"，那些想追求的美好事物，不必费心等到以后追求，其实现在便已拥有。也许人生的意义，不过是嗅嗅身旁每一朵绮丽的花，或是享受一路走来的点点滴滴而已。毕竟，昨日已成历史，明日尚不可知，只有现在才是上天赐予我们的最好的礼物。

目
录

感恩,上帝给谁的都不会太少

　　我们都明白自然界中生物链的道理,生命的整体是相互依存的,任何生物都不可能不依赖于别的生物而独立存在。父母的养育、师长的教诲、配偶的关爱、他人的服务、大自然的赐予……人自从有了生命,便沉浸在恩惠的海洋里。我们一旦明白了这个道理,就会感恩父母的养育,感恩他人的帮助,感恩社会的繁荣,感恩大自然的福佑,感恩食之香甜,感恩衣之温暖,感恩蓝天白云的赏心悦目,感恩苦难逆境的磨炼。这样的话,我们的一生就会是很快乐的。

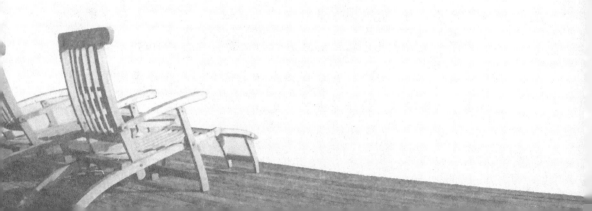

1. 以感恩的心去对待一切

记得有一首歌的歌词是这样写的：感谢明月照亮了夜空，感谢朝霞捧出了黎明，感谢春光融化了冰雪，感谢大地哺育了生灵。感谢母亲赐予我生命，感谢生活赠友谊爱情，感谢苍穹藏理想幻梦，感谢时光长留永恒公正……感谢收获，感谢和平，感谢这一切一切，感谢这美好的所有。

在这漫长的人生道路上，我们不知道要跨过多少艰难险阻，不知道要跨过多少沟壑险滩，更不知道要经受多少挫折与磨难。在困境中，有人向你伸出援助之手，有人为你指引方向，让你找到前进中的目标……在他人的帮助下，你终于跨越了困境，走出了人生的低谷期，看到了幸福的彼岸。这一切如果没有别人的帮助，都将是幻影。所以，我们要怀有一颗感恩之心去对待一切。

有两个人在沙漠中行走，正当他们口渴难耐时，碰见一个牵骆驼的老人。老人给了他们每人半碗水，一个人接过这半碗水，愤怒地指责老人过于吝啬，抱怨之下竟将半碗水泼掉了；另一个人接过这半碗水，他深知这一点儿水难以解除身体的饥渴，但仍怀着这份感恩之情，喝下了这半碗水。结果，前者因失去这半碗水而死在沙漠之中，后者因为喝了这半碗水，终于走出了沙漠。

这个故事告诉我们：对生活怀有感恩之心的人，心态是平和的，心情也总是很愉快的，即使遇上再大的灾难，也能熬过去。而那些常常抱怨生活的人，他们总是生在福中不知福，即使遇上了福，也不会认为那就是福，他们是无法从其中体会到快乐的。

　　英国作家萨克雷说："生活就是一面镜子，你笑，它也笑；你哭，它也哭。"你感恩生活，生活将赐予你灿烂的阳光；你不感恩，只知一味地怨天尤人，最终可能一无所有！感恩，使我们在失败时看到差距，在不幸时得到慰藉、获得温暖，激发我们挑战困难的勇气，进而获取前进的动力，使自己永远保持健康的心态、完美的人格和进取的信念。世界科学巨匠霍金也曾说过："我的手还能活动；我的大脑还能思维；我有终生追求的理想；我有爱我和我爱着的亲人与朋友；对了，我还有一颗感恩的心……"然而，也许大家都没有想到，写出这些话的作者竟然在轮椅上坐了数十年。可见，感恩并不是外界催动人心灵而发出来的一种感受，而是一个人内心深处的领悟，是对生命的一种透彻领悟。

　　作家贝尔认为：人类长久领受了上天的赐予，祈祷是我们借以回馈造物者的一种方式。地球赐我们以立足的家园；空气让我们呼吸生息；水使我们活命维生；阳光为我们带来温暖，并照亮我们的道路。感恩，让我们回归平衡的生命。

　　所以，我们每一天都要对日常生活充满感恩，一些平常的事——欢笑、友谊、爱人、朋友、陌生人或家人，我们每时每刻都要感受到他们的重要，要把每一天都当做是上天的恩赐，是值得珍爱的财富。

心灵点滴

感恩是一种生活态度，是一种思想境界，是一种善于发现生活中的感动并能享受这一感动的情绪感触。

2. 与其抱怨，不如感恩

一般来说，现实往往会与我们的理想发生不和谐的碰撞，这就导致很多人会时常产生忧虑、悲观、抑郁、抱怨等情绪低落的情形。这一方面会影响到一个人的心境，另一方面还会影响一个人的追求，使成功的机会与他擦肩而过。人感到不如意，只会使内心增添很多的愤慨，因此，与其抱怨，不如感恩。

有个曾得过天花的人，脸上留下许多麻子，不知是这一原因或是别的原因，快四十岁了还未娶到老婆。

有一天，他在街上行走的时候，前面一美丽的少妇回首向他嫣然一笑，他很奇怪："自己又不认识她，莫非她喜欢我？"不过一念之后，他又嘲笑自己："就是相貌平平的女人尚且不愿嫁给我，何况是如此的美妇。"

他也礼貌地对少妇点点头，继续走自己的路。过了一会儿，他又发现少妇回头对他招手微笑。

"莫非她真的对我有意？若是那样的话，良机不可失。"

于是他紧跟在少妇的后面，心情激动，又夹着幻想，令他陶醉不已。不一会儿，他们来到一住所前，少妇对他说："请你在此等我一会儿，我进去一会儿就出来。"

过了一会儿，她出来了，还带着两个小孩。没想到少妇已是两个孩子的妈妈，但他仍高兴地向小孩问好。接着，少妇向小孩说："叔叔小时候没有去接种疫苗，因此得了天花，原本漂亮的脸变成了今天这个样子，你们是去打针接种疫苗呢，还是想变成这个样子？"

"我们要去打针接种疫苗！"小孩立即答应了妈妈。

听了少妇与小孩的对话，他的心凉了一大截。还以为少妇对自己有意，原来是把自己当做小丑教育孩子。

他心里有些恼火，不过看到小孩因此而愿去打针接种疫苗，也算成就一件善事，他的心里宽慰了许多。

当少妇请他进屋坐坐时，他自我解嘲地说："谢谢你，不用了，天花使者还得去劝导其他小孩呢！"

从此以后，"天花使者"的美名渐渐传开。

对生活怀有一颗感恩之心的人，即使遇上再大的灾难，也能熬过去；而那些常常抱怨生活的人，即使遇上了幸福，幸福在他们那里也会变成不如意的事情。所以，我们应该以一种感恩的态度去面对一切，把自己摆在对方的位置上，站在对方的立场上去看事情，站在对方的观点上去想事情，这样也许会更容易理解对方的观点和举动。在很多的时候，一旦你这样做，那么你的抱怨不仅会烟消云散，而且也不会迁怒于人。

怀感恩之心的人，会有颗美好的心灵。静下心来，用心去体会周

享受
不再纠结的
人生

边的世界，就会发现，需要感恩的事情实在是太多了。如果没有阳光，就没有明亮温暖的日子；没有春夏秋冬的轮回，就体会不到生命的生生不息；没有水，就没有生命；没有父母，就没有我们自己；没有亲情和爱情，世界就会充满孤寂。感谢父母，感谢朋友，感谢生活，感谢命运，感谢逆境与敌人……

 心灵点滴

每个人都应当把生活中的抱怨化为感恩，感恩大地哺育了生灵，感恩亲人赋予了生命，感恩生活赠予的爱情和友谊。

3. 种善因得善果

与人为善，同时你也会得到善；与人为善，其实我们每一个人都可以做到。

佛家云："种善因得善果。"你种下什么，收获的就是什么。播种一个行动，你会收到一个习惯；播种一个习惯，你会收到一个品性；播种一个品性，你会收到一个命运。播种一个善行，你会收到一个善果；播种一个恶行，你会收到一个恶果。因此，在做任何一件事情的时候，你都应该用善良的心性去对待它。凡事多为别人着想，别人也会记住你的好，自然会善待你。

在一个漆黑的夜晚，一个远行的僧人走到一个非常荒僻的小村庄。漆黑的街道上，村民们默默地你来我往。僧人转过一条巷子时，他看见有一团昏黄的灯正从巷子的深处静静地、慢慢地亮过来。这时，他听到有个村民说："瞎子过来了"。

僧人听后很吃惊，就问那个村民道："那挑着灯笼的真是一位盲人吗？""他真的是一位盲人。"那位村民十分肯定地告诉他。

僧人百思不得其解：一个双目失明的盲人看不见道路，甚至都不知道灯光是什么样子的，他挑一盏灯笼岂不很奇怪吗？那灯笼渐渐近了，昏黄的灯光渐渐从深巷游移到了僧人的面前。百思不解的僧人忍不住走上前，问道："很抱歉地问一声，施主真的是一位盲者吗？"

那挑灯笼的盲人很肯定地回答他："是的，从踏进这个世界时起，我就一直双目失明。"

僧人接着问："既然你什么也看不见，那你为何挑一盏灯笼呢？"

盲者回答说："现在是黑夜吧？我听说在黑夜里没有灯光的映照，那么满世界的人都和我一样是盲人，所以我就点燃了一盏灯笼。"

僧人若有所悟地说："原来你是为别人照明啊？"

但那盲人却坚决地说道："不，我是为自己！"

"为你自己？"僧人更加不解了。

盲者缓缓问僧人："你是否因为夜色漆黑而被其他行人碰撞过？"

僧人说："是啊，这是时常会遇到的事情。就在刚才，还被两个不留心的人碰撞过。"

盲人听了，就很自豪地说："但我就没有，虽说我是个盲人，但我挑了这盏灯笼，既为别人照亮了路，也让别人看见了我。这样，他们就不会因为看不见而碰撞我了。"僧人听了，恍然大悟。

第一章 ▼▼▼

感恩，上帝给谁的都不会太少

我们在送别人一束玫瑰花的时候，自己手中也留下了持久的芳香。一颗温柔的爱心、一种爱人的性情，是我们最大的财富。我们给予他人以爱，我们本身就会得到爱，甚至更多的爱。

如果我们都有一颗感恩的心，不论遇到何种挫折与坎坷，都始终怀着一份愉悦的心情和一颗平静的心去面对，那我们一定是世界上最快乐的人。如果我们怀有一颗感恩的心，无论做任何艰难的事情或者碰到任何不开心的事，都能始终友好地对待身边的朋友、长者、陌生人，甚至是那些看起来卑微的人，或是你不感兴趣的人，那我们一定是世界上最幸福的人。

 心灵点滴

凡事想到别人的辛劳与付出、别人的困难与窘境、别人的期盼与等待，然后从自己力所能及的地方开始为他人着想。为别人搭把手，为别人做嫁衣，也是在为自己的幸福铺路。

4. 关爱家人也是一种感恩

"谁言寸草心，报得三春晖。"每一个人从呱呱坠地的一刹那起，便开始沐浴在父母的爱抚之下，那么这种源源不断的亲情之爱，应当以什么来作为报答呢？只有至孝。做儿女的应该在父母有生之年尽自己最大的能力去孝顺父母，从物质上、精神上、生活上、心灵深处去关爱自己的父母。因为孝顺父母、尊敬兄长是感恩的根本。

包公少年时便以孝顺而闻名，性直敦厚。在宋仁宗天圣五年，即公元1027年包公中了进士，当时28岁。他先任大理寺评事，后来出任建昌（今江西永修）知县，因为父母年老不愿随他到异乡去，包公便马上辞去了官职，回家照顾父母。他的孝心令官吏们交口称颂。

几年后，父母相继辞世，包公这才重新踏入仕途。

天下第一快乐事，当数父母健在。要知道，父母恩深终有别，父母之年，日日减少、余年不多、渐至衰老。父母百年之后，想尽孝道都来不及，后悔就太迟了。

人在生物学中被称为动物，并且是高级动物。人是有理智的，是有良知的，有慈爱之心的，绝不像别的一些动物一样，幼子长大就会离开自己的母亲，从此互不相顾了。

《三字经》有这样的词句："香九龄，能温席；孝于亲，所当执；融四岁，能让梨；弟于长，宜先知；首孝悌，次见闻。"在古人心中，孝悌应该是天经地义的分内之举，正如"夫孝，天之经也，地之义也，民之行也。天地之经而民是则之"，这就是"千经万典，孝悌为先"，也就是人们常常挂在嘴边的"百善孝为先"。

但是，我们也不可否认，当今很多孩子都丧失了感恩之心。在他们心中，父母给予他们的只能是更多的爱、更多的付出，一旦对他们进行一点点的批评或者指责，他们就会抱怨父母。

一个孩子和妈妈吵架了，这孩子转身向外面跑，气愤的母亲说："出去就不要回来！"

第一章 感恩，上帝给谁的都不会太少

他流着泪在街上漫无目的地走了许久，天就快黑了，他渐渐平静下来，此时，他才感觉到肚子饿了。正巧，前面就有一个面摊，冒着热气的汤面对饥饿的孩子来说，实在太具有诱惑力了，可是他摸了摸口袋，没有一分钱。

面摊的老板是一个很漂亮的阿姨，看到他站在路边就问他："孩子，你是不是想要吃面？"

他有些不好意思地回答："对不起，我忘了带钱。"

"没关系，我请你吃。"阿姨看了看他说。

过了一会儿面端上来了，孩子很感激地端起碗吃了起来。

"你怎么这么晚还不回家啊？"阿姨看着他问。

孩子哭着说："阿姨，我妈妈要是像你一样就好了。"

"为什么？"

孩子擦着眼泪说："你不认识我，却对我这么好，我没带钱，你还请我吃面；可是我妈，她和我吵架，竟然把我赶出来，还叫我不要再回去！"

阿姨听了，说道："孩子，你怎么会这么想呢？你想想看，我只不过给了你一碗面，你就这么感激我，可是你妈妈养了你十多年，每天为你洗衣做饭，你怎么不感激她，竟然还和她吵架？"

孩子愣住了，他急忙放下筷子往家的方向跑去。当他走到家门附近时，看到焦急的妈妈正在路口四处张望，孩子的眼泪又开始掉下来。他扑到妈妈的怀里，发现妈妈的眼里也含着泪……

人类具有的最伟大的爱就是母爱，这是无私的爱、本能的爱，道德与之无关。但是，在父母付出爱的同时，孩子更应当学会感恩，而不应该因为父母的一句批评、责备而哭喊、生气或者离家出走。

要知道，在当今的社会中，关爱家人对于每个人来说也是一种感恩心态的表现，无论是大人，还是年幼的孩子，每个人在内心深处都要树立感恩的意识，去帮助那些需要我们帮助的人。要知道，感恩是一种美德，但更重要的，它是人之为"人"的基本素质。

心灵点滴

感恩是一个人该拥有的本性，是一份美好感情，是一种健康心态，是一种良知，是一种动力，是一种处世哲学，更是生活中的大智慧。

5. 感恩逆境，坦然面对人生

在人生的道路上，一种谬误、一次挫折往往会把自己推到进退维谷的境地，有时甚至会改变整个人生道路。其实，挫折往往是个戏剧性的环节，任何苦难与问题的背后都有更大的福分！所以，在面对逆境的时候，即使是在陷进泥塘里的时候，也要懂得感恩，知道及时地爬起来，远远地离开那个泥塘。

有一个女孩常常对父亲抱怨自己遇上的事情总是那么艰难，她不知道该如何应付，好像一个问题刚解决，新的问题又出现了。

一天，父亲把她带到厨房，把水倒进三口锅里，然后用大火煮开。

他在第一口锅里放进了胡萝卜，第二口锅里放入鸡蛋，最后一口锅则放入研磨成粉状的咖啡豆，他小心地将它们放进去用开水煮，但一句话也没有说。

女孩见状，一直嘟嘟囔囔，很不耐烦地等着，不明白父亲到底要做什么。

大约二十分钟后，父亲把炉火关闭，把胡萝卜、鸡蛋分别放在碗内，然后把咖啡舀到一个杯子里。

做完这些后，他这才转身问女儿："亲爱的孩子，你看见什么了？"

"胡萝卜、鸡蛋和咖啡。"女孩回答。

他让她靠近些，要她用手摸摸胡萝卜，她发现它们变软了。接着，他又让女儿拿着鸡蛋并打破它，然后将壳剥掉，她看到了煮熟的鸡蛋。

最后，父亲让她喝口咖啡，品尝到香浓的咖啡时，女孩终于笑了。

父亲说："这三样东西都是在煮沸的开水中，但它们的反应却各不相同：胡萝卜放入锅之前是强壮结实的，但进入开水后，它就变得柔软了；而鸡蛋本来是易碎的，只有薄薄的外壳保护着，但是一经开水煮熟，它的内部却变硬；至于粉状咖啡豆则很特别，进入沸水之后，彻底改变了水的特质。

人，有怀才不遇的时候，也有受压制、被埋没的时候，但如果因一时被埋没而放弃心中的信念，那生命就会成为一具行尸走肉，永远开不出希望的花朵。要想有所收获，就应该善于在"顺"与"逆"、"苦难"与"安逸"的环境中进行自我调节。在艰难和逆境面前，你可以学鸡蛋和咖啡豆，外表虽然很脆弱，但它们却具有坚强的内心，坦然面对困境，并在困境中使自己变得越发坚强，并在苦难的煎熬下，使自己散发出浓郁的芬芳。

有两个商人聚在一起，由于他们的生意不景气，聊着聊着，话题自然而然地便转到了最近的生意状况上。

甲叹了一声道："唉，生意可真是越来越难做了，连续几个月，我都在亏损的状况下惨淡经营着，真是不知该如何是好！"

乙安慰他说："你的那家店也开了那么多年了，老顾客很多，我想只要能够咬紧牙关撑一撑，好日子很快就会重新再来的。"

甲继续抱怨道："哪有那么简单？你不知道我的苦啊！前一阵子我投资股票市场，又赔了一大笔钱，再加上向银行贷款的利息，弄得我几乎喘不过气来！"

乙还是耐心地劝他道："别那么灰心，你不妨想一想，我们都是白手起家的，当初不也是一无所有，凭空闯出今天的这一番局面。就算真的什么都没了，以你在商场上的能力，还是可以重新起来的。我们所拥有的这一切，全是上帝给我们的，它现在想要收回去一点儿，不也是正常的？"

甲听了老朋友的话，低头想了许久，突然冒出一句令乙为之傻眼的话来："你说的有道理，那么，可不可以请你帮我向那位'上帝'求求情，请他像当时给我的那样，慢慢地收回去；能不能不要像现在这样，收回得那么快……"

爱马森说："伟大、高贵人物最明显的标志，就是他坚忍的意志，不管环境如何恶劣，他的初衷与希望都不会有丝毫的改变，并将最终克服阻力，达到所企望的目的。"

人在困境中会有两种不同的命运：成功、失败。关键就是看一个人如何去面对困境，是健全、坚强还是脆弱、妥协？对于一个心理健全的人来说，困境常常可以促其超常发挥，作出惊人的成绩。像文中的甲那样，他认为困境是上帝给予的，是上帝把顺境收回了，这样的想法是错误的：困境是磨炼自己感恩心态的砥砺石，人只有在经历了不幸或者苦难之后，才能重新对生命充满感恩，才能将悲愤慢慢淡化，全神贯注地投入到生命的奇迹上。

一首散文诗里这样写道："曾经在地球上生活过的最优秀的人，必定是曾经遭受过苦难的人，他温顺、柔和、耐心、谦逊而又内心平静，这种人才是在地球上曾经生活过的第一个真正的绅士。"

现代人生活在紧张的竞争氛围中，生活在不良的环境里，应学会感恩，这样才能保持良好的心态，轻松愉快地生活。古人在经历了人生的坎坷之后，得出"死生由命，富贵在天"的结论；但我们应该相信，一个人命运的好坏是由自己的心态决定的。因为，任何一个人不可能永远幸运，也不可能永远被厄运纠缠。面对现实社会生活中的种种困境和难题，我们既要接受这种现实，同时又要超越这种现实，不要抱怨，而要以感恩的心去面对生活中的挫折和失败，是它们让我们看到了自身的不足，是它们让我们不断地学习，是它们让我们的灵魂得以升华。要相信：命运由我们自己创造，命运掌握在我们每个人手中。只要我们正视生活、学会感恩，生活对于我们来说就时刻都是美好的！

所以说，生活是需要感悟的，如果你能以一种独特的方式来观察世界，你会发现在这个世界上，无处不存在着让人惊喜的东西。同样一种物体，从不同的视角去观看，形状是完全不同的；同样一种事物，从一个角度上看是灾难，换一个角度看可能就是幸福，关键就是我们要学会感恩。

心灵点滴

面对挫折时，只要是平常人，难免都会有诸多的抱怨；但具有智慧的人们会明白，拥有上天的祝福，再加上自己的努力，终将会有雨过天晴的时候，差别只在于自己是否懂得感恩。

6. 善待自己

一个人一生不可能永远生活在欢乐与幸福中，痛苦是正常的，能够品尝痛苦但不被痛苦压垮的心灵才是最健康的。当一个人遭受挫折后，最关键的是要懂得自我安慰、自我调节，即善待自己。

在一次讲道时，佛祖问众弟子："人生有多长？"

有个弟子回答说："50 年。"

佛祖说："不对。"

弟子又说："40 年"、"30 年"、"20 年"……答案越来越小。

最后有个弟子甚至回答："一个小时。"佛祖依然笑着摇了摇头。

忽然有个弟子茅塞顿开，说道："人生难道只在一呼一吸之间？"

佛祖听了，笑着点点头。

人的生命虽然几十年，但往往在一呼一吸之间就是一生，可见生命是无常的。所以，在这一呼一吸之间，我们所要做的就是善待自己。

善待自己，就是在失败的时候能够多给自己一些宽慰、一些鼓励，能够让自己跳出懊悔的漩涡，做到把握好现在，去迎接下一次的挑战。

但是，善待自己绝不是盲目地宽容与放纵自己，而是在失败和险境面前保持一种平和心态、一种至高的精神境界。

一位记者到一所很闭塞的山村小学采访，她在钦佩那位四十出头的学校里唯一的女教师所取得的感人业绩之外，更惊讶的是——繁重得令人难以想象的超负荷工作，连医生都束手无策的疾病，再加上接二连三的家庭变故，都没有使她的肌肤褶皱，没有留下点滴憔悴的痕迹。她那红润的、泛着青春光泽的容颜，实在令人惊诧不已。

女记者不由地脱口问道："你有什么养颜秘方吗？"她莞尔一笑："有啊，就是心中时时充满爱意。"因为心存爱意，意外的风雨中，有了陌生人伸来的一柄雨伞；泥泞的路上有了一双搀扶的胳臂；苍茫的夜色里，多了一盏驱散寒意的明灯；独行的背后，多了一道关注的目光；匆匆的行旅中，多了一声善意的提醒；漫漫的征途上，多了一份诚挚的祝福……

这就是善待自己。善待自己是蕴含在微笑后面那坚实的、无可比拟的力量，是一种对生活巨大的热忱和信念，一种高格调的真诚与豁达，一种直面人生的成熟与智慧。只要具备了这种淡然如云、微笑如花的人生态度，那么，任何困境和不幸都能被锤炼成通向平安幸福的阶梯。所以，对于生活在紧张的竞争氛围中的现代人来说，应学会善待自己，学会寻找快乐，这样才能保持良好的心态，轻松愉快地生活。

我们应该相信，一个人命运的好坏都是由自己的心态决定的，因为，任何一个人不可能永远幸运，也不可能永远被厄运纠缠。面对现实社生活中的种种困境和难题，我们既要接受这种现实，同时又要超越这种现实，不要抱怨，而要以通达的态度去面对，要相信：命运由我们自己创造，命运掌握在我们每个人手中。

所以，我们要学会善待自己。善待自己，就是珍惜自己，爱护自己，就是把自己的才能、潜力最大限度地发挥出来；善待自己，就是对社会、家庭、事业和周围的人负责；善待自己，就是在人类共有的通病——懒惰——发作时，能够去克服；善待自己，就是在困难面前不低头……

总之，心存感恩就是善待自己，那样的话，会让自己变得开朗而快乐，快乐本身就是一种幸福。让自己畅游在感恩的海洋里吧，人的幸福就在其中；否则，人就是自己为难自己，世界也会处处和你作对。

心灵点滴

善待自己，是在激烈的竞争和令人痛心的失败面前有一颗平静的心。

第一章
▼▼▼
感恩，上帝给谁的都不会太少

7. 学会善待他人

要想让他人善待你，你就应该学会善待他人，不要因为一点儿小事动辄就发脾气或者大吼大叫，凡事都需要平心静气，学会做一个善良的人、宽容的人、善待他人的人，这样他人才会善待你。否则，如果你处处看他人不顺眼，时时想要打败他人，那么，到最后受到伤害的不仅是对方，还有你自己。

一只青蛙看着自己的邻居老鼠很不顺眼，总想找个机会教训教训它。

一天，青蛙找到老鼠，劝它到水里玩。老鼠不敢，青蛙说有办法保证它的安全，用一根绳子把它们连在一起，老鼠终于同意一试。

下了水，青蛙大显神威，它时而游得飞快，时而潜入水中，把老鼠折腾得死去活来。老鼠最后被灌了一肚子水，泡胀了飘浮在水面上。

空中飞过的鹞子正在寻找食物，发现了漂浮的老鼠，就一把抓了起来，相连的绳子把青蛙也带了起来。吃掉老鼠后，意犹未尽的鹞子把嘴又伸向青蛙。在被鹞子吃掉之前，青蛙后悔地说："没想到我把自己也给害了。"

害人终害己，不要对别人心存恶意，善待他人就是善待你自己。

莎士比亚曾经说过："宽恕人家所不能宽恕的，是一种高贵的行为。"善待他人是一种洒脱的人生态度，善待他人是一种良好的心理素质，善待他人是一种敏锐的洞察力。在某种情况下，懂得用一颗宽恕的心善待他人，就能增进彼此之间的友情，让他人对你肃然起敬，而具备这种可贵品质的人，就意味着你的人生也会更加快乐。

如果你仔细分析一下我们身边的人，就不难发现，那些真正的成功者，尤其是取得了巨大成就的成功人士，他们都会善待身边的每一个人，而且也因为他具备这种善待他人之心，使得每个人都很尊敬他、看重他。

某橡胶厂的营销经理由于一次判断失误，给公司带来了十几万的损失。这位经理平时工作非常认真，从公司成立开始便与厂长一同打天下。事后，经理承认了自己的错误，主动提出不要这一年的工资和奖金，并做好了相应的补救计划。但这一失误却未能得到厂长的原谅，厂长坚决要将他开除，其他人的挽留和劝说也都无济于事，并在大会小会上经常提及此事。

这位经理辞职后，经过融资也开了一家橡胶厂。由于他以前人缘就好，以前厂子的一批技术人员也跟了过来；再加上销售渠道他也熟识，所以业务很快便开展了起来。而那位厂长却因为开除他，最终工厂难逃倒闭的厄运。

学会在举手投足之间撒下一颗颗关爱的种子，有一天，当它成长为参天大树并为你带来丰硕的果实时，你才会恍然大悟：原来，你赋予他人的慈爱和真诚并不需要很多、很昂贵，有时甚至是极其简单的。

第一章 感恩，上帝给谁的都不会太少

老子说："善者，吾善之；不善者，吾亦善之，德善。"就是说，善良的人，我们要以善来对待他。不善良的人，我们也要以善来对待他；这样做了，就可以"德善"。

善待别人就是善待你自己，这是一件极其美好的事情，只要我们每个人心目中充满爱，都能拥有一个博大的、宽容的、善待别人的心，你就会发现你周围的人或事情都是美丽的，这样你的人生就会因为善待他人而变得更加美丽！

心灵点滴

给别人一片晴朗的天空，自己也会拥有一片明媚的天空。

8. 珍惜生命中的每一分钟

我们一生当中一般都会接收到许多不幸的消息，在震惊之余，我们更会对日常生活满怀感恩。

生命是何等脆弱，世事是何等瞬息万变，此刻你所拥有的东西，下一刻却很可能化为乌有；昨天你享受着的生活，明天就可能因为一次意外而瞬间消失；前一天你可能还拥有很多的朋友，但后一天你就可能变成孤身一人……面对这一切的变故，我们应该采取什么样的态度呢？很多人说，面对突如其来的这些变故，我会抱怨，我会沮丧，其实，你不应这样，而应该倍加珍惜今天身边的每一分钟，感恩每一分钟在你身边的人。

第二次世界大战期间，一位叫塞尔玛的女子陪伴丈夫驻防在一个靠近沙漠的陆军军事基地里。

一次，她的丈夫奉命到沙漠里去演习，她一人留在基地的小铁皮房里，那里的条件很差，狂风总整天吹个不停，尘土到处飞扬，在仙人掌的阴影下也是酷暑难耐。周围住的都是不懂英语的墨西哥人和土著人，没有一个人陪她聊天。

她寂寞难耐，于是写信给父母，说要丢开一切回家去。

她父母的回信只有两行字："有两个犯人从牢房的铁窗向外望，一个人看到的是荒凉和泥巴，另一个看到的却是那夜空中的星星。"

塞尔玛将这两行字看了又看，她领悟了父母的意思：如果一个人老是低着头，结果只能看到地上的泥土。我为什么不能抬头看看天呢？抬头看，就能看到天上的星星，我们的生活中不仅仅只有泥土，还是有星星的。她感到羞愧难当："好吧！我就去找那些星星吧！"塞尔玛暗下决心。

塞尔玛开始和当地人交朋友，他们的做法使她非常惊奇，她对他们的纺织、陶器表示兴趣，他们就把最喜欢的、舍不得卖给观光客人的纺织品和陶器送给了她。塞尔玛研究那些引人入迷的仙人掌和各种沙漠植物，又学习有关土拨鼠的常识。她观看沙漠日落，还寻找海螺壳。这些海螺壳是几万年前，当沙漠还是海洋时留下来的……原来难以忍受的环境变成了令她兴奋、流连忘返的奇景。她为发现新世界而兴奋不已，并为此写了一本书。

她从自己造的"牢房"里走出去，终于看到了星星。

读了这个故事，试想一下，是什么使塞尔玛的命运有了这么大的转变？

很简单，就是心态。周围的一切环境都保持原样，但是她却懂得了感恩，一念之差，使她把原先认为恶劣的情况变为一生中最有意义的生活。这就是感恩的力量。生活之中难免会发生让自己不顺心的事情，在面对这些事情的时候，我们能做的不是愤怒、抱怨，这只会让我们的心情更加糟糕，而我们能做的是善待生命中的每一分钟，以一种感恩的心态面对人生。

我们生命的每一天都是一个新的起点，你的未来在等着你，一切都尽在你的掌控之中，而关键就是需要我们学会善待生命中的每一分钟。

有人算过这样一笔账：假如人能活 70 岁，而每天睡觉 8 小时，那么 70 年会睡掉 204400 小时，约合 8517 天，23 年零 4 个月。这样，人还剩下约 46 年零 8 个月的时间。此外，闲聊、发呆等时间，再加上退休后不工作的时间，约合 36 年零 2 个月。如此算来，一个人活到 70 岁，自己只有 10 年零 6 个月的时间可以用来做些事，更何况并不是人人都能活到 70 岁。

从这个分析来看，人生在世，虽然只有短短几十年，却要经历各种好事、坏事，尝遍酸甜苦辣。可见，生活是美好的，但又是沉重的，人生是有苦又有乐的，是丰富多彩又艰难曲折的，就像白天与黑夜的互相交替一般。但是只要你仔细观察，就会发现感恩是改变命运的一个不可忽视的主要原因。

因此，时间对于我们每一个人来说都是最宝贵的财富，要珍惜时间，爱惜生命，善待你生命中的每一分、每一秒。

心灵点滴

小草枯了，有再生的机会；树叶黄了，有再绿的时候；花谢了，有再开的时候。然而，人的时间一旦逝去，就如同滚滚江河东逝水，奔流到海不复回了。

9. 替别人着想，就是替自己着想

人与人之间互相帮助、互相扶持，共同渡过人生的难关，或者共同走向人生的成功。然而，人类世界总是有这样一个规律，一些看似简单的话语，实际做起来难度却不小。

能够知道他人的心理需要，你就会采取智慧的方法去面对他人，你就能找到与他人交往的办法。特别是当他人遇到困难需要帮助的时候，能够替他人着想，就能够得到人心。不知道他人的需求，一味地按照自己的愿望去办事就会遭遇失败。

阿明在他的朋友圈子里算不上是最出色的一个，从家境、职业、才气、体魄各方面讲，他都显得平平，但所有的朋友都把他视为知己。他出国的时候，朋友到机场依依不舍地送他，当他同他们一一握别渐

因此，时间对于我们每一个人来说都是最宝贵的财富，要珍惜时间，爱惜生命，善待你生命中的每一分、每一秒。

心灵点滴

小草枯了，有再生的机会；树叶黄了，有再绿的时候；花谢了，有再开的时候。然而，人的时间一旦逝去，就如同滚滚江河东逝水，奔流到海不复回了。

9. 替别人着想，就是替自己着想

渐走远直至身影消失后，朋友们都感到若有所失的怅惘。阿明的朋友对他为何如此看重？用他一位朋友的话说：阿明平时话不多，也不常参加朋友的聚会，甚至不常到朋友家串门，但他心中始终装着朋友，当别人需要帮助时，他就会出现。

俗语说"患难识知己"，在困难和逆境中得到关心帮助的人是最易感动的。同样，能及时地为别人送去帮助的人也最易赢得朋友的信任和忠诚。

朋友之间，如能像《三国演义》中桃园三结义的刘、关、张那样形影不离、情同手足当然不错，然而现实生活中，朋友之间绝不可能空闲到日夜相随相伴的地步，即使经常的谋面在一般友人间也很不易做到。因此，许许多多的人相交成友之后，便无法对友情加以进一步的深化发展，往往流于一般的交际而已。有一种常见情况可称之为"有事有人，无事无人"。由于忙碌地为生存而奔波，我们往往不能把朋友经常揣在心中，只当我们有事需要帮助时，我们才会记起一个对此事有助的友人，然后去登门拜访，重叙友情。真正的朋友当然不会计较，而且会乐于相助，但久而久之我们便会感到一种不安，因为求助于人同帮助别人毕竟是两回事，只收取不付出，不仅叫人于心不安，而且容易渐渐丧失别人的友情。

为了使友谊常青不老，使友情与日俱增，就该像阿明那样心里永远想着朋友。不是在自己需要朋友而是在朋友需要自己的时候出现在他们面前。特别对那些个性较强、不轻易求助于人的朋友来说，别人主动给予的关心和切实有效的帮助能使他们满心感激、刻骨铭心。这也是一种感恩！

心灵点滴

人是社会人，每个个体都不可能离开他人而存在，这就需要大家多瞻前顾后、多替别人着想。

10. 对人要心存感恩

一个没有感恩之心的人，是冷酷残忍的；一个没有感恩之心的世界，是冷漠可怕的。所以，人不可或缺的是感恩之心，感恩之心可以使人变得可亲可敬，从而变得伟大崇高。感恩之心是仁爱的开端，是道德良心的基础。若基础坍塌，基础之上的一切道德内容恐怕就荡然无存了。倘若让感恩之心荒芜的弊病泛滥起来，必将给整个社会带来冷漠和敌视。

感恩是一种生活态度，是一种处世哲学，心存感恩就会发现这个世界的温暖。

有一个年轻人，从小父母双亡，由他大哥、大嫂抚养。大哥、大嫂没什么文化，只是靠起早贪黑摆水果摊赚点辛苦钱维持一家的生计，还要供他读大学。大哥、大嫂常在午夜收摊后，常在路边的垃圾箱里翻捡空瓶废纸什么的，之后拿到废品收购站去换钱。即使生活如此艰辛，但只要谈起弟弟，他们还是满面春风，说自己的弟弟考上大

学了，真争气，再苦再累也值。弟弟终于大学毕业参加工作了，之后谈恋爱结婚，大哥、大嫂知道他刚工作不久，没什么积蓄，就借钱为他举办婚礼。一开始，弟弟还常回家看望哥嫂，可自从结婚后，弟弟总说工作忙，没时间来看他们。其实真正的原因是，弟弟经过几年的奋斗，在单位里已是领导，怕同事、朋友知道自己还有这么个大哥、大嫂，脸上无光。大哥、大嫂似乎也意识到了什么，这几年来就从没到过他家。最近，大哥住院做手术，急需用钱，到处去借，最后实在无奈了，大嫂开口向他要了一万块。他推脱自己工作忙，没有去看望大哥，只汇了五千元过去。大哥得的是肝癌，他们怕他担心，瞒着他只说是一般的手术。直到两个月后，大哥去世了，他才回家，才知道原来自己还不如邻居！大哥住院，邻居们还为他捐款呢。事后这位青年每天都在深深的后悔、自责中度日，在他的内心深处背负着一本自己永远也无法还清的心灵账单。

中国有句古话："滴水之恩，当涌泉相报。"意思是说，别人给你一点点帮助，你要牢记心间，加倍地回报。可是生活中为什么有些人非要等到机会失去时才懂得感恩呢？为什么不学着从一开始就珍惜生命中的点点滴滴呢？故事中的大哥、大嫂也相当于年轻人的父母了，在古代有个说法，就是长兄如父、长嫂如母，更何况大哥、大嫂还对年轻人有养育之恩？可是，为什么年轻人对他大哥、大嫂如此冷漠呢？主要的原因是人们感恩的缺失。

感恩是一种处世哲学，如果我们在心中能够时常培植一种感恩的思想，那么，很快你会发现，这种思想可以使我们的心中沉淀出许多智慧，使我们看明白世间许多事情，而我们的内心也往往会在这种思想的主导下渐渐变得平和。

一次，美国前总统罗斯福家不幸失窃了，丢了很多的东西。一位朋友听说这件事情后，忙写信安慰他，劝他不必太在意。然而，令人意想不到都是，罗斯福竟然给朋友写了一封回信："亲爱的朋友，谢谢你来信安慰我，我现在很平安。感谢上帝，第一，贼偷去的是我的东西，而没有伤害我的生命；第二，贼只偷去我部分东西，而不是全部；第三，最值得庆幸的是，做贼的是他，而不是我。"

从古至今，无论对于任何人，假如家里被小偷行窃，这都是让人无比难过的一件事，但罗斯福却没有这样难过，而是找出了感恩的三条理由。由此可见，人应该学会感恩。这样，最终受益的不仅是对方，更是我们自己。

可见，如果我们感恩生命所附加在我们身上的一切，那么我们的生命将会阳光灿烂；如果一味地怨恨，生活将会是阴雨连绵。所以无论你是贫穷还是富贵，无论你是幸福还是悲惨，无论你是快乐还是痛苦，无论你是尊贵还是卑微，都要怀有一颗感恩之心。这样我们也就懂得感悟生活，更会明白，生命的整体是相互依存的，每一样东西都依赖于其他的东西。也就是说，自从我们有了生命的那一刻起，我们便已经开始置身于恩惠的海洋中了。比如父母的养育、师长的教诲、伴侣的关爱、朋友的友谊、自然的赐予……所以，感恩生命中的一切，你将收获一切。

第一章 ▼▼▼ 感恩，上帝给谁的都不会太少

27

 **心灵点滴**

无论是身处顺境还是逆境，只要心中常常怀有一颗感恩的心，生活中就必然会涌动出"温泉"。

11. 感恩是最大的幸福

每个人都应当把生活中的抱怨转化为感恩，感恩大地哺育了生灵，感恩亲人赋予了生命，感恩生活赠予的友谊和爱情。所以，别再抱怨上天的不公，它对待我们每一个人都是一样的；别再抱怨人生的道路太曲折，如果不是因为这些曲折，你就不会有现在的意志；别再抱怨那些不如意的事情，只要你敞开心扉，从另一个角度去思索，会发现上天是公平的、人生的道路是畅通的、自己的命运也不是最苦的、生活同样是精彩的……这就是感恩。

南非的曼德拉因为反对白人统治者的种族隔离政策而入狱。白人统治者把他关在荒凉的大西洋小岛罗本岛上27年。当时尽管曼德拉已经高龄，但是白人统治者依然像对待一般的年轻犯人一样对待他。

但是，当曼德拉出狱当选总统以后，他在总统就职典礼上的一个举动震惊了整个世界。

总统就职仪式开始了，曼德拉起身向欢迎他的来宾致辞。他先介绍了来自世界各国的政要，然后他说，虽然他深感荣幸能接待这么多尊贵的客人，但他最高兴的是当初他被关在罗本岛监狱时，看守他的3名前狱方人员也能到场。他邀请他们站起身，以便他能介绍给大家。

曼德拉博大的胸襟和宽宏的精神让南非那些残酷对待了他27年的白人无地自容，也让所有到场的人肃然起敬。看着年迈的曼德拉缓缓站起身来，恭敬地向3个曾关押他的看守致敬，在场的所有来宾都静下来了。

后来，曼德拉向朋友们解释说，自己年轻时性子很急、脾气暴躁，正是在狱中学会了控制情绪才活了下来。他的牢狱岁月给了他时间与激励，使他学会了如何处理苦难的痛苦。他说，感恩与宽容经常是源自痛苦与磨难的，必须以极大的毅力来训练。

他说起获释出狱当天的心情："当我走出囚室、迈过通往自由的监狱大门时，我已经清楚，自己若不能把悲痛与怨恨留在身后，那么我其实仍在狱中。"

在人生的路上，试着放下你的抱怨，如果事事追求如己所愿，那么恐怕在这个世界上你无法找到完美。也不要总是抱怨事情不顺，抱怨世道不公，抱怨别人对自己的骚扰，抱怨他人做得不好，报怨是最容易做的，但却是最没用的。相反，我们应该以一种感恩的态度去面对一切，把自己摆在别人的位置上，站在对方的立场上、站在对方的观点上去想问题，也许这样会更容易理解对方的观点和举动。在多数的时候，一旦你这样做，那么你的抱怨不仅会烟消云散，而且也不会迁怒于人。

因此，如果一个人要使自己的心中充满美妙的幸福感，那就专注

第一章 ▼▼▼
感恩，上帝给谁的都不会太少

29

享受 不再纠结的 人生

于感恩的心吧。想一些令你觉得心怀感激的事，让自己全心全意地沉浸其中：令你心怀感谢的或许是父母的健康长寿，或许是朋友对你从来不间断的关爱；也许你会为早晨能从舒适的床上悠悠醒来，并且有早餐可吃而心存感激；也或许你曾经历了种种疾苦病痛之后，为仍能存活至今而心存感激。不要保留，不要抗拒，就让自己畅游在感恩的海洋里吧，你的幸福感就在其中。

 ## 心灵点滴

只要我们对生活怀有一颗感恩的心，就会有一种平静的心态，遇到灾难也不会手忙脚乱。而那些常抱怨生活的人，成功会与他失之交臂。

知足，享受点滴快乐

知足是一种处世态度，常乐是一种幽幽释然的情怀。知足常乐，贵在调节，这是一种人生底色。当我们因忙于追求、拼搏而迷失方向的时候，知足常乐这种宁静与温馨，对于风雨兼程的我们是一个避风的港湾。

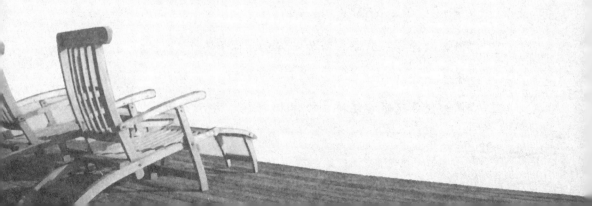

1. 知足是一种财富

很久以来，人们的内心充满了渴求与贪婪——对财富与成功的渴求，对爱情的渴求，却从来没有仔细地审视自己所拥有的一切。正是这贪婪的心把那些感受美好灵魂的眼睛遮蔽了，让人们忘记了上苍所给予自己的种种恩赐，让人们总是向着遥不可及的未来充满期待而忽略了对今天的知足。

有一位青年，老是埋怨自己时运不济、发不了财，终日愁眉不展。

这一天，正在他愁闷不堪之时，走过来了一个须发皆白的老人，老人问他："年轻人，为什么不快乐？"

"我不明白，为什么我总是这么穷。"年轻人说。

"穷？你很富有嘛！"老人由衷地说。

"这从何说起？"年轻人满脸疑惑地望着老人。

老人反问道："假如现在砍掉你一个手指头，给你一千元，你干不干？"

"不干。"年轻人回答。

"假如砍掉你一只手，给你一万元，你干不干？"

"不干。"

"假如使你双眼都瞎掉，给你10万元，你干不干？"

"不干。"

"假如让你马上变成 80 岁的老人，给你 100 万元，你干不干？"

"不干。"

"假如让你马上死掉，给你 1000 万元，你干不干？"

"不干。"

"这就对了，你已经拥有超过 1000 万元的财富，为什么还衰叹自己贫穷呢？"老人笑吟吟地问道。

青年愕然无语，突然什么都明白了。人之所以痛苦，不是因为拥有得太少，而是想要得到的太多。正因为欲望太多，结果造成心理贫穷。

当你把焦点放在你拥有什么，而非你想要什么时，你反而会得到更多。

如果你把焦点放在另一半的优点上，你会发现你也可以变得更可爱；如果你对工作心存感激，而非怨声连连，你就能在工作中表现得更好、更有效率，可能还会获得加薪；如果你学会了享受在自己家的附近找寻娱乐，就不必等到去夏威夷再享乐，而且你也会得到更多的乐趣；如果你真的去了夏威夷，你已经养成了自娱的习惯，那么你就拥有了更多美好的人生。

其实欲望的满足不是真正的满足，而是一种自我放逐，欲望会带来更多更大的欲望，如果我们为欲望所左右，为欲望的不能满足而受煎熬，那么人生还有什么滋味？

请务必谨记：贪婪者虽富亦贫，知足者虽贫亦富。"知足是一种财富"，这曾经是许多人津津乐道的人生哲学。

第二章 ▼▼▼ 知足，享受点滴快乐

享受 不再纠结的 人生

心灵点滴

"身外之物，不奢恋"，这是知足常乐者的智慧。

2. 知足的生活最快乐

老子说："罪莫大于可欲，祸莫大于不知足；咎莫大于欲得。故知足之足，常足。"意思是说：罪恶没有大过放纵欲望的了，祸患没有大过不知满足的了；过失没有大过贪得无厌的了。所以知道满足的人，永远是觉得快乐的；相反，不知道满足，你就会被自己的欲望所累，成为一无所有的人。

从前有一位农夫，每天早出晚归地耕种一块贫瘠的土地，累死累活，收入甚微。一位天使可怜农夫的境遇，就对农夫说，只要你不停地跑一圈，那么你跑过的地方就全归你所有。

农夫听完之后，便兴奋地朝前跑去，跑累了，想停下来休息一会儿，然而一想到家里的妻子儿女需要更多的土地生活，于是又拼命地再往前跑。有人告诉他，你到了该往回跑的时候了，不然你会累死的。然而农夫根本听不进去，他只想得到更多的土地、更多的金钱、更多的享受。最终，他因为跑路太多，心衰力竭气散，倒地而亡。生命没了，一切全都没有了，强烈的欲望使他失去了一切。

贪婪会让当事者失去理智，情绪狂热而难以自控，结果不但伤人，而且自己也付出了沉重的代价。看来，人们在翘首观望那些没有得到的东西时，还应回首看看自己所拥有的，要懂得知足。只有懂得知足你才不会过分贪婪，也就可以避免让自己去承受那些不必要的罪过和苦恼。学会知足，远离贪心，使自己的心千万别掉进贪婪的深渊，别让贪婪为自己的心戴上枷锁。懂得知足，你会常常喜乐幸福！故事中的这个农夫本来可以生活得更好，只要他能看得开心中执著的那个贪念。其实人需要的只是那么一点点而已，可是有越来越多的人看不开，非要弄个死去活来。认真想想，真是没有必要！人本身有贪欲无可厚非，但是人心不足就得小心了。

恰似一位哲人所言："所谓幸福的人，是只记得自己一生中满足之处的人；而所谓不幸的人，是只记得与此相反内容的人。"所以，对于每一个人来讲，满足与不满足并没有太多的区别，而幸福与不幸福相差的程度却会相当巨大。

乡村有一对清贫的老夫妇，有一天他们想把家中唯一值点钱的一匹马拉到市场上去换点更有用的东西。老头子牵马去赶集了，他先与人换得一头母牛，又用母牛去换了一只羊，再用羊换来一只肥鹅，又把鹅换了母鸡，最后用母鸡换了别人的一口袋烂苹果。在每次交换中，他都想给老伴一个惊喜。当他扛着大袋子来到一家小酒店歇息时，遇上两个外国人。闲聊中他谈了自己赶集的经过，两个英国人听后哈哈大笑，说他回去准得挨老婆子一顿揍。老头坚称绝对不会，英国人就用一袋金币打赌，二人于是一起回到老头家中。

老太婆见老头回来了，非常高兴，她兴奋地听着老头子讲赶集的

经过。每听到老头子讲到用一种东西换了另一种东西时，她都充满了对老头的钦佩。她嘴里不时地说着：

"哦，我们有牛奶了！"

"羊奶也同样好喝。"

"哦，鹅毛多漂亮！"

"哦，我们有鸡蛋吃了！"

最后听到老头子背回一袋已经开始腐烂的苹果时，她同样不愠不恼，大声说："我们今晚就可以吃到苹果馅饼了！"

结果，两个外国人输掉了一袋金币。

快乐的人生就像一只可爱的小鸟，你越是想要去捕捉它，它越是离你远去，但当你不再奢望，顺其自然地把心思用在自己当下的生活中的时候，它却会自动飞过来，停在我们的桌边，同我们一起玩耍……也许，这就是知足常乐的真谛。

老子有言："知足不辱，知止不殆，可以长久。"圣人在几千年前就提醒人们，千万不要贪心，当今的人们更应该深刻体会老子这句话的内涵，要懂得知足常乐。

唐伯虎《桃花庵歌》中写道："但愿老死花酒间，不愿鞠躬车马前。车尘马足富者趣，酒盏花枝贫者缘。若将富贵比贫者，一在平地一在天；若将贫贱比车马，他得驱驰我得闲。别人笑我忒疯癫，我笑他人看不穿。不见五陵豪杰墓，无花无酒锄作田！"通过古人的词句，我们看到了他们知足常乐的洒脱。然而现实中的很多人却无法做到这样的洒脱，如果你也是其中的一员，不妨这样想一想：自己穷其一生，忙忙碌碌一辈子，但到最后是否还是一无所有地离开呢？正所谓"生不带来，死不带去"，忙忙碌碌一生，倒不如放下这些无休止的私欲、贪心，用一颗知足的心多享受一些人生的快乐。这不但是超越世俗的大智大勇，也是放眼未来的豁达襟怀。谁能做到这一点，谁就会活得轻松，过得自在，真正地摆脱心理贫穷。

心灵点滴

知足者才是真正的富有者。

3. 看淡些，生活才能过得有滋味

不知足的可怕之处，不仅在于摧毁有形的东西，而且能搅乱人的内心世界。你的自尊、你的原则都可能在不知足面前垮掉！常言道"欲壑难填"，人的欲望一旦爆发，那真是难以想象！

王刚是一位医生，妻子在一所中学做老师。王刚一个星期上五天的班，每天吃完饭带着老婆孩子去散散步，回来一家人又坐在一起看会电视。星期天陪会儿爸妈，放寒暑假时再带家人四处转转，可以说日子过得是有滋有味。然而，一场同学聚会之后，这种原有的宁静却被打破了。

王刚上学时学习成绩好，于是老师就让他和成绩比较差的李强坐在一起，意在帮助李强提高学习成绩。但最后高考时，王刚考上了一

所大学，李强却只收到了一所职业院校的通知。所以，王刚在潜意识里觉得自己应该比李强好，可是这次同学聚会，李强开的是名车，穿得是名牌，就连手里提的一个包也是上千块钱的，在交谈中还得知他自己已开了一家公司，资产上千万。于是，王刚的心理不平衡感产生了，觉得自己上学时考试成绩比李强好，凭什么人家现在坐轿车、开公司，自己却窝在小房子里，出门还得坐公车。

聚会结束了，可是王刚的发财梦开始了。听说炒股票能挣大钱，于是他一下子把这几年积攒下来的钱都给投了进去，刚开始的确赚进了一点钱，可是后来却弄了个血本无归。听说买彩票发家的人也不少，于是每天都想着今天买什么号，班也不好好上了，到最后，医院将他调到后勤部门去了。王刚觉得自己被调去后勤部门太丢脸了，于是在一怒之下，辞去了工作，专心去挣"大钱"了。可谁知最后的下场是钱没挣着，倒是把一个好好的家给弄了个四分五裂。

知足是一种高尚的境界，因此，在前进的道路上，当我们取得一些成绩的时候，如果我们都能知足，就能够保持乐观的心态，在对待生活中的困难时，也会泰然处之。知足常乐，在欲望与喧嚣中，会过滤掉贪念与沉闷，沉淀一种平和与幸福。

心灵点滴

一个把名利看得太重的人，注定是不快乐的。快乐就是看淡尘世的物欲、烦恼，不慕荣利。

4. 不要祈求太多

人生中，有时我们的心思太复杂，负荷太沉重，诱惑我们的事物太多，这就需要我们用良好的心态去平衡。如果不懂得平衡，那么最终只能被物欲所累。

有一位修道者，准备离开他所住的村庄，到无人居住的山中去隐居修行，他只带了一块布当做衣服，便动身前往山中居住。

后来他想到当他要洗衣服的时候，他需要另外一块布来替换，于是他就下山到村庄中，向村民们乞讨一块布当做衣服，村民们都知道他是虔诚的修道者，于是毫不犹豫地给了他一块布，当做换洗用的衣服。

这位修道者回到山中之后，发觉自己居住的茅屋里面有一只老鼠，常常会在他专心打坐的时候来咬他那件准备换洗的衣服。他早就发誓一生遵守不杀生的戒律，因此他不愿意去伤害那只老鼠，但是他又没有办法赶走那只老鼠，所以他回到村庄中，向村民要一只猫来饲养。

得到了一只猫之后，他又想到了："猫要吃什么呢？我并不想让猫去吃老鼠，但总不能让它跟我一样只吃一些水果与野菜吧！"于是他又向村民要了一只乳牛，这样那只猫就可以靠牛奶维生。

但是，在山中居住了一段时间以后，他发觉每天都要花很多的时间来照顾那只母牛，于是他又回到村庄中。最后他找到了一个可怜的流浪汉，于是就将这无家可归的流浪汉带到山中，帮他照顾乳牛。

那个流浪汉在山中居住了一段时间之后，跟修道者抱怨说："我跟你不一样，我需要一个太太，我要有正常的家庭生活。"

修道者想想，他的话也有道理，他不能强迫别人一定要跟他一样，过着禁欲苦行的生活……

这个故事就这样继续下去，你可能也猜到了，到了后来，整个村庄都搬到山上去了，而修道者修行的时间却几乎没有了！

一个人的快乐，在于知足。人生在于奋斗，人生在于积累。不要祈求太多，太多了，生命就会显得过于沉重。

人生最大的烦恼，不在于自己拥有的太少，而在于自己向往的太多。汤玛斯·富勒说："满足不在于多加燃料，而在于减少火焰；不在于积累财富，而在于减少欲念。"在生命的过程中，一切物质及肉体都是不可靠的奴仆，想让自己的生命得以升华，就必须放下这些本性之外的东西，不要祈求太多，应当懂得知足常乐。

我们一生中，大多时间都花费在为利的奋斗、为名的奔波上，到头来却多半两手空空。真正懂生活、会享受的人，有一颗从容的心，让心灵悠然自乐地散步，这才能找到真正的快乐。

 心灵点滴

不要祈求太多。太多了，生命就会显得过于沉重，你也就会感到太多遗憾而失去快乐、幸福。

5. 贪婪会失去更多

《菜根谭》中说："贪得的人身上富有了，但人心却一贫如洗；知足的人，身上虽然贫穷，但内心却很知足。人只要有一点儿贪恋私利，刚强变为软弱，阻塞智慧变得昏聩；仁慧变为狠毒，高洁变为污浊，败坏一生的品行。"

俗话说"人心不足蛇吞象"，一个"贪"字就是一座无底的深渊，不管是谁，只要掉入"贪"这个深渊，就会既害人又害己。人们为了那贪婪的欲望会使出各种手段、各种诡计，以达到自己的目的。然而贪心是没有满足的，它会促使人不断地索取、强夺，将自己想要的统统据为己有；相反，知足会让人知其所拥有的，这会增加一个人的幸福感，并且会珍惜他所拥有的。

有个百万富翁得了一种久治不愈的病症，虽然在医院躺了好久，但病情依然没有好转，终于有一天，一位医术高明的医生对他说："您的病有救了！有一种药物能治疗您的这种病，但这种药物价格非常昂贵，而且国内没有，需要到国外购买。"

这个人听了说："太好了，对我来说，生命是最重要的。不管有多贵，不管在哪里，我都要把这种药买到。"

于是，他立刻派人去买这种药。然而当他只吃了两三个疗程的时

候，病就好了。于是这个人把剩下的药都收藏了起来，此时，他的一个朋友看到了剩下的药心疼地说："唉，这个医生真是的，让你买这么多药，白白地浪费了这么多钱，有这些钱做点别的多好。"他听了后说："此言差矣，本来需要把这些药都吃掉的，但现在吃这么少的药却把病治好了，这说明上天对我怜爱有加，我要感谢上天，感谢救我的医生。"

从这个人最后说的这些话中，我们感受到知足弥足珍贵的意义，正是因为他的内心懂得知足，所以他才懂得了感恩，懂得了珍惜今天拥有的一切。

然而，如果贪欲在你的心中直线上升，那么你不仅不会体验到真正的快乐，反而会让你失去很多。

从前，有两位很虔诚的信徒，他们很要好，于是决定一起到遥远的圣山朝圣。两人背上行囊、风尘仆仆地上路，誓言不达圣山朝拜，绝不返家。

两位信徒走了两个多星期之后，遇见一位白发年长的圣者。圣者看到两位如此虔诚的信徒千里迢迢要前往圣山朝圣，就十分感动地告诉他们："从这里距离圣山还有十天的路程，但是很遗憾，我在这十字路口就要和你们分手；而在分手前，我要送给你们一个礼物！什么礼物呢？就是你们当中的一个人先许愿，他的愿望一定会马上实现；而第二个人，就可以得到那愿望的两倍！"

此时，其中一信徒心里想："这太棒了，我已经知道我想要许什么愿，但我不要先讲，因为如果我先许愿，我就吃亏了，他就可以有双倍的礼物！不行！"而另外一信徒也自忖："我怎么可以先讲，让我的朋友获得加倍的礼物呢？"于是，两位信徒就开始客气起来"你先讲嘛！""你比较年长，你先许愿吧！""不，应该你先许愿！"两位信徒彼此推来推去，客套地推辞一番后，两人就开始不耐烦起来，气氛也变了："你干嘛？你先讲啊！""为什么我先讲？我才不要呢！"

两人推到最后，其中一人生气了，大声说道："喂，你真是个不识相、不知好歹的人呀，你再不许愿的话，我就把你的腿打断！"

另外一人一听，没有想到他的朋友居然变脸，竟然来恐吓自己！于是想：你这么无情无意，我也不必对你太有情有义！我没办法得到的东西，你也休想得到！于是，这一个信徒干脆把心一横，狠心地说道："好，我先许愿！我希望——我的一只眼睛瞎掉！"

很快地，这位信徒的一只眼睛马上瞎掉了，而与他同行的朋友两只眼睛也立刻都瞎掉了！

这就是贪念给他们带来的恶果，人的欲望是很难完全满足的。因此，我们不能任人的私欲自由放任，甚至用种种不合法的手段去满足自己的私欲。如果这样，只会是适得其反。

所以，在现实生活中，我们需要有一种知足常乐的清醒。在物欲横流的今天，摆在每个人面前的诱惑实在太多，这就需要保持清醒的头脑，要知足常乐。如果总是想要索取更多，甚至贪得无厌，就会带来无尽的压力、痛苦不安，甚至毁灭自己……可见，生命之舟载不动太多的物欲和虚荣，要想使之在驶往彼岸时不致中途搁浅或沉没，就要学会知足。要知道，我们每一个人所拥有的财物，无论是房子、车子、金子……无论是有形的，还是无形的，没有一样是属于你自己的。那东西不过是暂时寄托于你，有的让你暂时使用，有的让你暂时保管

而已，到了最后，物归何主，都未可知，所以每一位智者都懂得贪婪会让自己失去更多的道理。

心灵点滴

有些人因为贪婪，想得到更多的东西，却把现在所拥有的也失掉了。

6. 减少欲望， 简单生活

《菜根谭》有云："此身常放在闲处，荣辱得失谁能差遣我；此身常在静中，是非利害谁能蒙昧我。"意思是，经常把自己的身心放在安闲的环境中，世间所有的荣华富贵和成败得失都无法左右我，经常把自己的身心放在安宁的环境中，人间的功名利禄和是是非非就不能欺骗蒙蔽我。

一个炎热的夏天，一个小和尚出门化缘回来，当他走到禅房门口的时候，师父正汗流浃背地端坐在禅房门外。见到这样的情景，小和尚十分惊讶，他心想：天这么热，师傅为什么坐在这里呢？为什么不进屋里去打坐呢？小和尚心里感到很好奇，于是他走到师傅跟前问师傅："师父，您怎么了？"

师傅心平气和地说："没怎么，我在沐浴呢！"

小和尚皱了皱眉头，更纳闷了，他把化缘得来的食物放到屋里，然后又走了出来，在师傅身边站了一会儿，看师傅仍然没有起来，于是又接着问师傅："师傅，您这是怎么沐浴、洗涤的呢？弟子愚笨，没有明白，请师傅点化弟子。"

"我是在沐浴、洗涤自己的心灵，你当然看不到了。"师傅静静地说。

"沐浴、洗涤自己的心灵？"小和尚听了师傅的话更是不解了，他接着又问师傅："怎么样才能沐浴、洗涤自己的心灵呢？请师傅给弟子指点迷津。"

师傅见弟子追问不舍，于是回答说："点燃一颗感恩戴德之心，在自己的心底煮沸半腔开水，再加入仁义、孝悌，去进行反思、忏悔，便可以为心灵药浴了。"

小和尚听了师傅的回答后，仔细地玩味了一番，然后也像师傅一样端坐在禅房门口开始同师傅一起沐浴、洗涤自己的心灵。

劳伦斯在他一首诗中这样写道："有一样东西我会矢志不渝、拼死力争，这就是内心那点儿安宁，方寸之间的和平。"有一首诗也曾说："身如菩提树，心似明镜台，时时勤拂拭，莫使惹尘埃。"人常常受外界环境影响而使自己的心灵遭受了物化的影响，所以，在这种情况下，我们要懂得清洗自己的心灵，减少欲望，这样才能找到方寸之间的平和。

人们常常说这样一句话："世界本不复杂，是人的心太复杂了，结果导致这个世界也变得复杂起来。"其实仔细想想，的确如此。我们几十年的短暂人生，到底追求的是什么？对钱财、名誉、地位的向

第二章

知足，享受点滴快乐

往又是为了什么呢？说到底还不是为了寻求快乐吗？富足时并不一定比穷困时快乐，历经沧桑也不一定会比不谙世事快乐，所以，减少欲望，简单生活，这才能寻求到真正的快乐。

《小窗幽记》中有这样一段话："清闲无事，坐卧随心，虽粗衣淡饭，但觉一尘不染；忧患缠身，繁扰奔忙，虽锦衣厚味，亦觉万状苦愁。"这段话所说的是，人生要有一种宁静致远的追求。清闲自在，喜欢坐就坐，喜欢躺就躺，随心所欲，在这种状态下，虽然穿的是粗衣，吃的是淡饭，但仍然会觉得心情平静，不会为一些日常心俗之事而牵挂；相反，那些患得患失、忧患和烦恼缠身的人，整天奔忙着一些烦忧之事，这些人虽然穿的是华丽的衣服，吃的是山珍海味，也会觉得心中痛苦万状。

清闲自在，坐卧随心，也就是"清心"，它是与"有心"的生活态度相对的。清心就是不动情绪、不执著，恬淡而自得，根据自己的本、真去做人处世。

因此，清心从一定意义上说，又是一种生活之道。如果用老子所说的"失道而后德，失德而后仁，失仁而后义"的观点来衡量，清心的人格层次远在德、仁、义之上。它是人生修炼达到神圣功化以后，在生活之道上的反映。清心中孕育着童真、活力、快乐。

老子主张"无知无欲"，"为无为，则无不治"。世人也常把"无为"挂在嘴边，实际上是做不到的。但一个人处在忙碌之时，置身功名富贵之中，的确需要静下心来修省一番，闲下身子安逸一下。这时如果能达到所谓"六根清净、四大皆空"的境界，就会把人间的荣辱得失、是非利害视为乌有。这对帮助我们自我调节，防止陷入功名富贵的泥掉是很有用的。"六根清净、四大皆空"也就是指人生要豁达淡泊，降低欲望，这样就会把生活中的是非利害与荣辱得失看得轻一些，而生活的快乐则会体验得多一些。人需要静观世事，做到身在局中，心在局外，这样就会客观地对待生活，这样才能不为外物所累，人间的种种现象也才能尽收眼底。

心灵点滴

一个人如果对名能放下，对利能放下，对财富能放下，他一定活得很洒脱。

7. 找到欲望的中转站

知足与不知足是一个量化过程。知足使人感到平静、安详、达观、超脱；不知足使人躁动、进取、奋斗；知足是知不可行而不行，不知足是不可行而必行之。若知不行而勉为其难，势必劳而无功；若知可行而不行，这就是堕落和懈怠。这两者之间实际上是一个"度"的问题。度就是分寸，是智慧，更是水平。

一天，小鸟问它父亲："世上最高级的生灵是什么？是我们鸟类吗？"

老鸟答道："不，是人类。"小鸟又问："人类是什么样的生灵？是那些总是想方设法抓到我们的生灵吗？"父亲点了点头。

小鸟说："如果他们是世界上最高级的生灵，那么他们一定比我们更优秀，比我们更幸福快乐。"父亲听后回答说："他们是比我们优秀，但却没有我们幸福快乐。"

"这是为什么呢？"小鸟疑惑地问父亲。老鸟答道："因为在人类心中生长着一根刺，这根刺无时不在刺痛和折磨着他们，他们为自己的这根刺起了个名字，管它叫做贪婪。"

小鸟又问："贪婪，什么是贪婪呢？我不懂，您告诉我吧，爸爸。"

"这很容易。"父亲说。

父亲环顾了一下四周，看到一个人正向他们走来，父亲说："好了，你好好看着啊，看完你就明白了。"

说完，老鸟飞离小鸟，落在了人的身边。那人伸手轻而易举地便抓住了它，十分高兴地叫道："我要把你宰掉，吃你的肉！好好美餐一顿。"老鸟说道："我的肉这么少，怎么能够让你吃饱呢？"人类说："肉虽然少，却鲜美可口！"老鸟说："我可以送你一些远比我的肉更有用的东西，那是三句至理名言，如果你按照这三句至理名言去做，就能发大财！"人类急不可耐地说道："你快说！"老鸟眼中闪过一丝狡黠的目光，说道："我可以告诉你，但是你必须先答应我一个条件，当我告诉你第一个名言时，你必须放开我；然后我会再告诉你第二个名言；等我飞到树上后，我会告诉你第三句名言。"那人一心想发大财，便马上答道："我接受你的条件，快告诉我第一句名言吧！"

老鸟慢慢地说到："这第一句名言便是，莫惋惜已经失去的东西。现在请你放开我。"于是那人便松手放了它，老鸟落到离他不远的地面继续说道："这第二句名言便是，莫相信不可能存在的事情。"说完，它飞上了树梢，人类急忙问："那第三句名言是什么？"老鸟笑了笑说："你真是个大傻瓜，如果刚才你把我宰掉，你便会从我眼中取出一颗重达30克拉的大宝石。"那人听后十分后悔，把嘴唇都咬出了血。狡猾的老鸟讥笑他说："贪婪的人啊，你的贪婪之心遮住了你的双眼，既然你忘记了前两句名言，告诉你第三句又有何益？难道我没告诉你"莫惋惜已经失去的东西，莫相信不可能的事情"吗？你想想看，我浑身的骨肉翅加起来不足20克拉，眼中怎会有30克拉的大宝石呢？"那人听后，顿时目瞪口呆。

老鸟飞到小鸟身边说："孩子，你现在明白了吗？"小鸟答道："是的，我明白了。"

《老子》中说："祸莫大于不知足，咎莫大于欲得。"意思是说，祸患没有比不知足更大的了；不知足会引人进入没有止境的求利之路，而没有止境地追求利益、贪求物欲，只会得到损失自己利益的结果。欲望过多，人就会被欲望驱使，陷入欲望的漩涡而不能自拔。所以人们常说："欲望的一半是天使，另一半却是恶魔。"

降低欲望，能使人在任何困境前都能以一种平和的心态更积极地对待生活，能使你掌握生活的遥控器，随时将自己的心境调换到快乐频道。

人生其实很简单，简单得就剩几张纸了：出生前是一张准生证，出生后是户口簿里的一张卡，上学时是学校的一张通知单，毕业时是一张毕业证，工作后是每月的几张人民币，结婚了是一张结婚证，购房时是一张房产证，一生完结最后又是一张死亡证明。生死荣辱其实就是一张纸。降低欲望，就是对那一份平淡生活的执著坚守，就是那种蓦然回首一笑置之的淡然。

心灵点滴

保持自我的真性，不陷于贪欲和相争，这或许不合时宜，但应该说是明智之举。

8. 见利勿忘性

利欲之心人皆有之，关键是要能控制住它，不要把一切看得太重；到了接近极限的时候，要能把握得准，跳得出这个圈子，不为利欲之争而舍弃一切。如果适得其反，那么纵有家财万贯，当省悟时，也会发现自己已一无所有。

但是，当今的社会中，人总是被欲望驱使，成了一种欲望的动物，而且不同的人，其所拥有的欲望也不尽相同。有人贪图名利，有人留恋酒肉，还有希望得到丰富的物质世界……其实这些都是不足取的。

庄子到雕陵的栗园游玩，被一只翅膀七尺宽的鹊鸟碰到额头，他就抓起弹弓去撵。

在园中，他看见正得意鸣叫的蝉被螳螂所缚，而螳螂因为有所得而忘乎所以，又被黄雀趁机捕获，黄雀只顾贪利也不再注意身后。

庄子就警惕而叹，扔下弹弓回去了。管园子的人跟在庄子身后责骂他偷了栗子。

庄子三天闷闷不乐，弟子问他："先生为什么不愉快呢？"

庄子回答说："我为了守形体忘了祸患，观照浊水反而被清渊迷惑，忘了真性，所以管园子的人辱骂我，因为这才闷闷不乐。"

庄子告诉我们，欲是祸患的根源。在求得利益自以为有福降临时，往往也会埋下祸患的根由。一味追求利，不论开始如何得意，最终必自取其祸。

一辆汽车驰过，蛇被轧伤了，它在马路旁呻吟。

"救救我吧！"蛇恳求一个过路人。

过路人想起了《农夫和蛇的故事》，摇摇头走开了。

"救救我吧！"

蛇又向另一个走过来的人求助。

微醉的农夫打量着地上受伤的蛇，一时拿不定主意。

"我的皮是制钱包的上等原料，我的胆是降火的良药，我的鞭是壮阳的保健品……"

农夫惺忪的眼睛一下亮了起来，他抱起了蛇放进自己的怀里。

像《农夫和蛇的故事》的结局一样，这个农夫仍然死在毒蛇的口下。

要想真正享受人生的乐趣，基本信条就是要知足常止"。《菜根谭》中说："势利纷华，不近者为洁，近之而不染者为尤洁；智械机巧，不知者高，知之而不用者为尤高。"这话的意思就是：面对诱人的荣华富贵和炙手的权势、名利，能够毫不为之动心的人，其品格是高洁的，而接近了富贵和权势名利却不沾染奢靡之习气的，这种品格就更为高洁了。不知道投机取巧玩弄权术手段的人，固然是清高的，

知道了却不去采用它，这种人无疑是最清高的。这就是说，面对荣华富贵，但不被这些东西迷惑、能洁身自好的人，就不会受到玷污，就能平安无事。这可谓是真知灼见。

仰望苍穹，俯瞰大地，试看那些已经抓到手的物质财富，其实，这只是内心的欲望而已，而欲望的结局只是一杯冰冷的灰烬。所以说，舍弃多余的欲望，舍弃浮华，删繁就简，这才是人生的一种智慧。

 心灵点滴

在对待名利、荣辱等问题上，人还是糊涂一点儿好。糊涂一些，你就会得到快乐。

9. 君子爱财，取之有道

我们今天说："君子爱财，取之有道。"什么"道"？合法之道。说到底，也就是仁义之道——仁道。

仁道是安身立命的基础，是生活的原则。所以，无论是富贵还是贫贱，无论是安享荣华还是颠沛流离之时，都绝不能违背这个基础和原则。

一位姓刘的老人，早年丧夫，一人抚养了四个儿子，真可谓是含辛茹苦。四个儿子相继成家后，却很少照顾老娘。晚年，刘氏被诊断为肺癌，四个逆子不去商量如何照料，而是围在病床边一再追问金元宝哪儿去了。原来，刘氏结婚时曾陪嫁过来一个 500 克重的金元宝，但为了抚养孩子，早已卖掉。可是四个儿子如何能信，刘氏一死，四个儿子一致认定老太太是把金元宝吞到了肚里，带到"那边"去用了。于是四人想出一个焚尸取宝的"妙计"来：夜里，他们偷偷地来到太平间把汽油浇在老太太身上，点起了火。其结果是可想而知的，等待他们的是监狱的大门。

造物主似乎常俯视含笑，笑这些鼠目寸光、冥顽不灵的众生，往往为了蝇头小利而产生非分之想，结果让自己死无葬身之地。严酷的事实告诉人们：钱能把人送往"天堂"，也能把人引入"地狱"。只顾发财，不择手段，那是"徒知爱利而不知爱身"的愚蠢之人的做法。试想，为钱财丧尽天良，即使得到钱财又有何用？要走进天堂的幸福之门，就要以劳动致富，不贪不义之财。

钱财对于人来说固然重要，但人不能钻到钱眼儿里去，因为世界上还有比钱更重要的东西，那就是人的品格、德行。从古到今，有钱的富翁有多少，人们无法知晓，而谈起那些古今德高望重的圣贤，人们却如数家珍，正如藏克家在诗中写的那样："有的人死了，他还活着；有的人活着，他已经死了。"虽死犹生的人，不是因为他富有钱财，而是因为他富有高尚的道德精神。所以，面对金钱，我们要有正确的认知态度。不要一味地为了追求金钱而迷失了自己的本性。要懂得"君子爱财取之有道"、"不义之财不可取"的道理。

对此，我们也可以把"君子爱财，取之有道"理解为这样两个含义：一是有形之道，二是无形之道。

所谓有形之道，就是指法律、规范及制度等，只有合法，才不会被绳之以法。在积累财富的过程中，宁可耐心地从小钱赚起，也不应妄想一夜暴富。只有劳动、知识、智慧，才能构成财富的大厦；懒惰、无知、贪婪，则是导致迈入死亡的深渊。君子爱财，一定取之有道，这样的钱财，使人高枕无忧。不义之财得到越多，死亡越快，而且馅饼不会从天上掉下来！切莫学：人为财死，鸟为食亡。

所谓无形之道，即道德、良心。它要求所有的钱都必须来得正，必须是正当利润。在打算做一件事情的时候，一定要想一想，自己做的这件事有没有偏离道德规范。有偏离，哪怕一点点都不要去做。只有钱赚得干净，花钱时，心里才能清静。要知道，人在意诚时心才会正，才会让自己的一切获利手法符合道德规范的约束，使自己养成遵守道德规范的习惯，并谨慎自己行为中涉及的种种道德问题。

奢华的人生是一种生活，但平淡的人生也是一种生活。虽然平淡的生活有时会面临一些困境，但是一切都会像眼前的浮云一样，会有过去的时候。如果为了过上奢华的生活而赚取不义之财，即使得到的金钱再多，你的人生也已被贪欲腐蚀，变得污浊不堪，不会取得圆满的人生，又何谈让人敬重之言呢？

 心灵点滴

"君子爱财，取之有道"，以正确的心态面对财富，这是成功做人的起码要求。

10. 不被金钱束缚

有人说："钱能买来食物，却买不来食欲；钱能买来药品，却买不来健康；钱能招来熟人，却招不来朋友；钱能带来奉承，却带不来信赖；钱能使你每天开心，却不能使你得到幸福。"所以，人不要做金钱的奴隶。

有一个可怜的穷人住在一间简陋的房子里，一天他躺在一张破旧的床上自言自语地说："我多么想发财啊，如果我有钱了，一定不做吝啬鬼。"这时穷人面前突然跳出来一个魔鬼，魔鬼说："我可以让你发财，我这儿有一个很有魔力的钱袋，袋里藏着永远取不完的金币，但是你要切记：在你认为钱足够你使用时，就要把钱袋扔掉，否则你不能使用这些钱。"说完这些话，魔鬼就没了踪影，穷人发现身边果然放着一个装着金币的钱袋。他非常兴奋，心想总算有钱了，于是他拿着钱袋子取了一晚上的钱。

第二天，他看着这一大堆的钱，笑了，心想：这些钱足够我一辈子花的了。此时，他突然感到又累又饿，想出去买些食物，但是在他想走出去时，他突然想到了魔鬼的那句话"想要使用这些钱就必须先扔掉那个钱袋"。于是他打算把钱袋扔掉，可是又不舍得，觉得扔掉钱袋后，自己又没钱了该怎么办呢？还是取够自己一辈子用的钱吧，于是又把钱袋拿回去开始掏钱。就这样，每次想扔掉钱袋时就感觉钱不够花，时间一分一秒地过去了，他总是想用这些钱买自己喜欢的东

西，还要买舒适的房子等。但是，每次他又总是对自己说"钱多些再去吧"，抱着这种想法，他废寝忘食地拿，终于有一天，金币装满整个屋子，可他已经变得骨瘦如材了，然而此时他仍然用颤巍巍的手一边掏钱，一边自言自语地说："我要有更多的钱，让钱足够支付我一辈子的花销。"最后，他奄奄一息了，把自己埋葬在了钱的坟墓里。

可见，人只有保持一种平常心态才不会迷失方向。如果一个人成为了金钱的奴隶，不仅不会享受到金钱的快乐，反而会让金钱迷住自己的双眼。

在我们的日常生活中，金钱对于每个人都有极大的诱惑力，正是因为这种难以割舍的诱惑力，使得人们不断地去拼搏、去奋斗；然而财富的诱惑力也扭曲了很多人的思想，一些人看到金钱，都想把它据为己有，甚至是越多越好，这样到最后可能什么也得不到，反而将自己的性命白白搭进去，这样未免太愚蠢。《论语》里有说："一箪食，一瓢饮，在陋巷，人不堪其忧，回也不改其乐。"如果人在面对金钱的时候，少一些欲望，那么他的一生是不是也会怡然很多呢？

小说《茶花女》中有这样一句名言："金钱是好仆人、坏主人。"我想这句话非常正确地诠释了金钱的价值，钱也是人制造的，因为人的存在，它才具有了价值，所以金钱只能充当仆人的角色，为人类服务，而不能充当主人的角色，所以千万不要让金钱成为你人生的主宰。

 心灵点滴

　　为赚钱而活着是悲哀的，总是把自己当成赚钱的机器，把钱财看得太重，一味地去追求金钱，只会成为金钱的奴隶。

11. 小满足， 大快乐

卡耐基曾说："要是完美得不到我们所希望的东西，最好不要让忧虑和悔恨来苦恼我们的生活。且让我们原谅自己，学得豁达一点。"根据古希腊哲学家艾皮科蒂塔的说法，哲学的精华就是：一个人生活上的快乐，应该来自尽可能减少对外来事物的依赖。罗马政治学家及哲学家塞尼加也说："如果你一直觉得不满，那么即使你拥有了整个世界，也会觉得伤心。"所以说，"欲望越小，人生就越幸福"。

古时候，有个叫爱地巴的人，他一生气就跑回家去，然后绕自己的房子和土地跑三圈。后来，他的房子越来越大，土地也越来越多，而一生气，他仍要绕着房子和土地跑三圈，哪怕累得气喘吁吁，汗流浃背。

孙子问："阿公！你生气就绕着房子和土地跑，这里面有什么秘密？"

爱地巴对孙子说："年轻时，一和人吵架、争论、生气，我就绕着自己的房子和土地跑三圈。边跑边想——自己的房子这么小，土地这么少，哪有时间和精力去跟别人生气呢？一想到这里，我的气就消了，也就有了更多的时间和精力来工作、学习了。"

孙子又问："阿公，现在您已经成了富人了，为什么还要绕着房

第二章
▼▼▼
知足，享受点滴快乐

子和土地跑呢？"

爱地巴笑着说："我有钱了，在生气时，我绕着房子和土地跑三圈，边跑边想——我房子这么大，土地这么多，又何必和人计较呢？一想到这里，我的气就消了。"

一位哲人曾言："所谓幸福的人，是只记得自己一生中满足之处的人；而所谓不幸的人，是只记得与此相反的内容的人。"读了这个故事，我们或许明白了满足的真正意义。满足是一种对自我追求的努力与欣赏。老人在年轻的时候为了激励自己，绕着自己的房子和土地跑，以此来充实完善自己。老人年老了，依然绕着自己的房子和土地跑，边跑边看着自己的房子想：瞧，我房子这么大，土地这么多，又何必和人计较呢？言下之意，也就是说老人没有遗憾，他感受到了满足，这样就不知不觉高兴起来，而这就是满足之后的快乐。

主人清晨出去为自己的葡萄园雇工人。他与工人议定一天一个银币后，就派他们到葡萄园里去了。

约在第三时辰，他又出去，看见另有些人在街上闲站着，就对他们说："你们也到我的葡萄园里去吧！一天我给你们一个银币。"他们就去了。

约在第六和第九时辰，他又出去，也照样做了。

约在第十一时辰，他又出去，看见还有些人站在那里，就对他们说："为什么你们整天站在这里闲着？"

那些人对他说："因为没有人雇我们。"

他对他们说："你们也到我的葡萄园里去吧！"

到了晚上，葡萄园的主人对他的管事人说："你叫他们来，分给他们工资，由最后的开始，直到最先的。"

那些约在第十一时辰来的人，每人领了一个银币。那些最先雇的人来，心想自己必会多些，但他们也只领到了一个银币。于是他们就抱怨主人，说："这些最后雇的人，不过工作了一个时辰，而你竟把他们与我们这些整天受苦受热的人同等看待，这公平吗？"

他答复其中的一个说："朋友，我并没有亏负你，你不是和我议定了一个银币吗？拿你的走吧！我愿意给这最后来的和给你的一样。难道你不许我拿我所有的财物，行我所愿意的事吗？"

知足常乐，这是一种幸福的境界。但是幸福的内涵是什么，这个问题很难回答。举个例子来说，谁也不能保证一个百万富翁，能够比一个农民活得更幸福，原因就在于谁能知足。知足与快乐相关，有的人虽然一日三餐粗茶淡饭，也能够享受生活中的快乐，而有的人虽然整日泡在荣华富贵之中，但他们却永远也感觉不到快乐。显然，快乐与否与人的欲望大小有很大的关系。就像故事中，最先开始工作的人，他们认为自己应该比后来的人得到更多的钱，但雇主却平等地给了每个人一个银币，这就引发了他们内心的那种不平衡感，进而在欲望的驱使下，他们感到不满足。

可见，人如果想要活得快乐些，就必须懂得满足，不要小看自己已经拥有的东西，快乐就容易得到！人往往在失去后才知道珍惜，这山望着那山高，常常忽视了眼前的幸福，这是人的悲哀。因此，在现实条件许可的范围内，充分享受生活，而不为得不到的所痛苦。知足常乐，怀着感恩的心对待生活，这样我们就会感觉，其实生活里有很多很多的快乐等着我们去发掘，这才是适宜的人生观。

享受
不再纠结的
人生

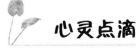

心灵点滴

"快乐"正如其字面所示，是"浪快失去"的"乐"，但只要你懂得满足，它的欢乐就不会削减。

12. 心中无事天地宽

《小窗幽记》中说，一个人"无远视、无卓见、无气节、无笃实、无文雅"的原因，在于"多躁者，必无沉潜之识；多畏者，必无卓越之见；多欲者，必无慷慨之节；多言者，必无笃实之心；多勇者，必无文学之雅。慎而戒之，戒躁、戒畏、戒欲、戒言、戒勇，是为策略"，这样就会达到"心中无私天地宽"的境界。世间最深的洞穴莫过于"欲望"两字，因为它深不可测，而且随时随地在扩张。

古希腊哲学家苏格拉底还是单身的时候，和几个朋友一起住在一间只有七八平方米的房子里，但他却总是乐呵呵的。有人问他："和那么多人挤在一起，连转个身都困难，有什么可高兴的？"

苏格拉底说："朋友们在一起，随时都可以交流思想、交流感情，难道不是值得高兴的事情吗？"

过了一段时间，朋友们都成了家，先后搬了出去。屋子里只剩下苏格拉底一个人，但他仍然很快乐。那人又问："现在的你，一个人孤孤单单的，还有什么好高兴的？"

苏格拉底又说，我有很多书啊，一本书就是一位老师，和这么多老师在一起，我时时刻刻都可以向他们请教，这怎么不令人高兴呢？"

几年后，苏格拉底也成了家，搬进了七层高的大楼里，但他的家在最底层，底层的境况是非常差的，既不安静，也不安全，还不卫生。那人见苏格拉底还是一副乐融融的样子，便问："你住这样的房子还快乐吗？"

苏格拉底说："你不知道一楼有多好啊！比如，进门就是家，搬东西方便，朋友来玩也方便，还可以在空地上养花种草，很多乐趣呀，只可意会，无法言传。"

又过了一年，苏格拉底把底层的房子让给了一位朋友，因为这位朋友家里有一位偏瘫的老人，上下楼不方便，而他则搬到了楼房的最高层。苏格拉底每天依然快快乐乐。那人又问他："先生，住七楼又有哪些好处呢？"

苏格拉底说："好处多着呢！比如说吧，每天上下几次，这是很好的锻炼，有利于身体健康，光线好，看书写字不伤眼睛，没有人在头顶干扰，白天黑夜都非常安静。"

俗语有云："纵有家财万贯，也是一日三餐；纵有广厦千万间，也只能享受三尺床垫。"一语道破人生的基本需求，心外世界的大小并不重要，重要的是我们自己的内心世界。一个胸襟宽阔的人，纵然住在一个小小的囚房里亦能转境，把小囚房变成大千世界；如果是一个心量狭小、不满现实的人，即使住在摩天大楼里，也会感到事事不能称心如意。最近的一项幸福指数调查显示，现代人的幸福感越来

第二章
▼▼▼
知足，享受点滴快乐

享受 不再纠结的 人生

低。也出现了一个非常奇怪的现象："不买最好的，只买最贵的。"于是人就成为了欲望的仆人，就越来越不幸福。前文故事中更多地道出了一位大哲学家的生活态度，因为知足而处处高兴；如果换在时下那可能是怨气冲天。

只要我们能保持自己的生活态度，沿着自己的生活轨迹，不要盲目地去攀比，抱着一颗知足、感恩的心去生活，那么，我们会很幸福的！只要我们有一颗健康积极的心，就能知道如何去衡量和把握知足，就会感受到看似意外而又是意料之中的知足，就能做到真正的知足常乐。

当然，对于我们所处的经济高速发展的时代来说，这种认识已受到了相当强烈的冲击。虽然人们也常常说"钱是身外之物，生不带来死不带去"，但多少都有一些勉强的成分在内，甚至有"吃不到葡萄说葡萄酸"的嫌疑。时代氛围如此，不是个人所能抗衡的，所以，与其说"钱财如粪土，富贵如浮云"，不如说"心中无事天地宽"来得真实自然，这句话似乎更符合我们这个时代的特色。

 心灵点滴

做到心中无事，就要先淡泊无求，宠辱不惊，不为名所累，保持做人的本色，实实在在、真真切切、从从容容地走自己的人生之路，过轻松惬意的生活。

13. 随遇而安，保持心态的平衡

幸福是一种绝对自我的感觉，只要你觉得自己是幸福的，你就是幸福的；反之，如果自己感觉不到幸福，无论在别人的眼里如何风光，你的心里仍然会是一片冰凉。不同的人有不同的活法，不同的人也有不同的幸福。关键就在于我们是否真的明白，自己这一辈子到底要什么。如果一个人总是得陇望蜀或盲目攀比，那他永远都不会幸福和快乐。

有个人到寺庙里去游玩，他看见菩萨坐在上面，就问道："请问菩萨，您在想什么？"

菩萨说："我什么也没有想。"

"那您的眼神我们为何猜不透？"

"噢，是这样。"菩萨安详地笑了笑，"我的心明静得像水，可以清澈见底。我什么也没有想，也不受外界情况变化的影响。所谓七情六欲，只是你们见到喜欢的东西或高兴或悲伤，而我除了粗衣疏食之外，认为别的都是身外之物。懂得这个道理，你就可以成为圣人了。人一生下来，什么都没有，如果他能随遇而安，当劳作时劳作，该休息时休息，该进则进，该退则退，能心情快乐，助人为善，那何愁不长寿呢？"

"那我活这么长时间干什么？"

"这个嘛，各人有各人的见识。"

"既然这样，我就随遇而安吧。多谢菩萨指点。"

读了这个故事，每个人都要深思。试看，当今生活，每个人的内心都多多少少会有很多的不平衡。比如，有些人总是羡慕别人的生活好，常常会说：某人升职了，某人买车了，某人有别墅了，某人出国旅游了……对比使得人内心产生了心理不平衡，而这种心理不平衡又驱使着人们去追求一种新的平衡。不平衡使得一部分人心理自始至终处于一种极度不安的焦躁、矛盾、激愤之中。他们牢骚满腹，不思进取，工作中得过且过，心思不专，更有甚者，有人会铤而走险、玩火烧身，走上了危险的道路。

所以，我们必须要走出不平衡的心理误区。那么，怎样才能从这种不平衡的心理误区中突围出来呢？以下几点值得考虑：

首先你要学会比较。常言道：比上不足，比下有余。在比较中，你就会获得心理平衡。

不平衡心理缘于比较方式不当，缘于比较"参照系"选择的失误。只要我们多想一想那些普通劳动者，我们的心理又何尝会有这样多的焦灼、急躁与失落，甚至是愤愤不平呢？面对着众多普通人，我们的心灵必然会多一份平静豁达，甚至多一份愧疚。如果我们这样想，还有什么不平衡的呢？

其次，心地无私才能保持心态平衡。心理不平衡主要是私心在作怪，觉得自己吃亏了。

心地无私是治愈心理不平衡疾病的良药。在当今社会生活中，各种物质诱惑令一些人失去理智，头晕目眩，忘记了做人的基本原则和起码的准则；在追求心理平衡的过程中，倒向了腐败、堕落的深渊。在他们身上缺少的就是圣洁的信念、奋斗的理想。我们只有树立正确的世界观和人生观，才能够自知、自明、自重、自省、自尊、自爱、自警、自励。心里永远只想着别人，就不会深受不平衡心理的折磨，就能够达到一种高尚的思想境界。

心灵点滴

有得有失，有欠有还，老天不许人太贪。

14. 太多的欲望是人生的一杯苦酒

俗话说，欲望像海水，越喝越渴。贪婪的心是永无止境，贪欲也许是由于社会不平衡而产生的，他们为的是争取更多的平衡，以达到真正的心理平衡乃至于现实的平衡。开始它也许对我们的生活有很大的改观，可是任由这种贪念发展下去，生活就成了一杯难以下咽的苦酒。

人不怕物质贫乏，怕的是精神贫乏。有时万贯家财带来的不一定是富有，而是贫穷——心灵的空虚，所以与其锦衣玉食却忧心忡忡，不如粗茶谈饭而无忧无虑。是的，财富不仅换不来幸福，而且追逐它过了头，还会给自己带来灭顶之灾。

一个走私者为躲避警察的追捕，被迫闯进一座教堂。他请求牧师答应他把走私的货物藏入教堂的阁楼里。这一要求被牧师断然拒绝，

牧师要这个走私者立即离开，否则就要报警。

走私者哀求道："我给你 20 万来报答你，怎么样？"牧师坚定地说："不！""50 万怎么样？"走私者忍痛加码。牧师依旧拒绝。"100 万好吗？"走私者仍不死心地问。牧师突然大发雷霆，把那人推到门外："你快给我滚出去！你开的价钱，快接近我心理承受不了的数目了！"

从这个故事中，我们可以看出，牧师是有贪念的，但是牧师却抵住了贪念的诱惑，说明了牧师的理智战胜了他的贪念。其实只要能在贪念出现之时与理性进行对比，想想后果就一目了然了，也就没有那么多人因为贪念而落入法网！

若要避免欲望带来的错误，自我调节，以下方法可以尝试。

名言警示法：要想成为克制贪婪心理的人，应牢记那些名言格言，朝夕自警，例如："一念之贪，损自德，毁自身。"

利害比较法：就是在选择前，对理性选择的结果与贪念的结果进行比较，看看结果自然就明白了！

分析自己贪婪的原因，看看是有攀比、补偿、侥幸的心理呢，还是缺乏正确的人生观、价值观。分析清楚后便下决心，要堂堂正正做人，改掉贪婪的恶习。

把握好我们的现在，掌握好我们的心态，调整好我们的方向，克服住我们的贪欲，相信你的明天会更充实！

 心灵点滴

见利要退一步。若能够凡事都能让一步，在人生道路上就不会被自私和贪婪引入歧途，人生自可快乐、自在！

15. 富裕并不等于快乐

　　一个人来到这个世界上，要有一种清心自在、坐卧随心的态度，要保持人的自然本性，保持一颗平常心，不去憧憬身外之物，不去追逐功名利禄，不去追求超越生命基本需求的东西。如此，内心才能永远平静如水，才会坦坦荡荡、安安宁宁地立身久长，享受人生。

　　清朝有一个商人，生意做得很红火，长年财源滚滚，虽然请了好几名账房先生，但总账还是靠他自己算，钱的进出类别多，数目又大，他天天从早晨打算盘熬到深更半夜，累得他腰酸背痛、头昏眼花；夜晚上床后，又想到明天的生意，一想到成堆白花花的银子又兴奋又激动。这样，白天忙得不能睡觉，夜晚又兴奋得睡不着觉，他患上了严重的失眠症。

　　商人隔壁有一对靠做豆腐为生的小两口，每天清早起来磨豆浆、做豆腐，说说笑笑，快快活活，甜甜蜜蜜。墙这边的富商在床上翻来覆去，摇头叹息，对这对夫妻又羡慕又妒忌，他的太太也说："老爷，我们要这么多银子有什么用，整天又累又担心，还不如隔壁那对夫妻，活得那么开心。"

　　商人早就认识到自己还不如邻居生活得轻松洒脱，等太太的话一落音便说："我这就让他们笑不起来。"说着，翻下床从钱柜里抓了几

把金子和银子，扔到邻居豆腐房的院子里。

这对夫妻正边唱边做豆腐，突然听到院子里"扑通扑通"地响，提灯一照，只见是闪闪的金子和白花花的银子。连忙放下豆子，慌手慌脚地把金银捡回来，心情紧张极了。不知把这些财富藏在哪里好，藏在房里怕不保险，藏在院里怕不安全。从此，再也听不到他们说笑，更听不到他们唱歌了。

邻居富老头和他太太开心地说："你看！他们再也笑不起来，唱不起来了吧！早该让他们尝尝富有的滋味。"

有人曾经说过："凡名利之地，退一步便安稳，向前一步便危险。"诸葛亮也在谆谆地告诫我们"非淡泊无以明志，非宁静无以致远"。世界上有太多的人饱受财富的折磨，因为有了太多的财富，他们日不能寐夜不能寝；因为有了太多的钱财，他们脑子里容不下其他的事情，所思所想都是钱，因为有了太多的钱财，他们限制了自己，让自己迷失在金钱的牢笼中。结果在金钱的牵绊中，他们失去了快乐，败坏了心情。

所以，我们在物质生活上应当做到不奢求、不贪婪，在生活中应保持一份宁静，少一份担忧，对生活抱有信心，人生的画面上就会写满豁达、乐观和宽阔的色彩。

 ## 心灵点滴

没有欲望和追求，人的生命就难以存在和延续，并且整个人类社会也就自行消亡了。但是人不能任凭欲望疯长，要学会控制那些过于贪婪的欲望。

第三章

宽容，这样活才不累

莎士比亚曾经说过："宽恕人家不能宽恕的，是一种高贵的行为。"人生无坦途，在漫长的道路上，谁都无法避免地要遇上一些不幸。人的一生，犹如簇簇繁花，既有耀眼之处，也有萧条之时，以宽容的心态对待生活、对待他人，这才是一种智慧的生活态度这样活才不累。

1. 懂得宽恕， 放眼未来

宽恕是人类的一种美德。宽恕的本身，除了减轻对方的痛苦之外，事实上也是在升华自己。因为，当我们宽恕别人的时候，我们反而能得到真正的快乐。犯错是常见的平凡，宽恕却是一种超凡。假如我们看别人不顺眼，对别人的行为不满意，痛苦的不是别人，而是自己。

所以说，宽恕是一种能力，一种控制伤害继续扩大的能力。它不只是慈悲，也是修养。

一年冬天，罗吉士继承了一个牧场。有一天，他养的一头牛，因冲破附近农家的篱笆去啃食嫩玉米，被农夫杀死了。按照牧场规矩，农夫应该通知罗吉士，说明原因。但农夫没这样做。罗吉士发现了这件事，非常生气，便叫一名佣工陪他骑马去找农夫论理。

他们半路上遇到寒流，人、马身上都挂满冰霜，两人差点冻僵了。抵达木屋的时候，农夫不在家，农夫的妻子热情地邀请两位客人进去烤火，等她丈夫回来。罗吉士在烤火时，看见那女人消瘦憔悴，也发现躲在桌椅后面对他窥探的五个孩子骨瘦如柴。

农夫回来了，妻子告诉他罗吉士和佣工是冒着狂风严寒来这里找他的。罗吉士刚要开口跟农夫论理，忽然决定不说了。他伸出了手。农夫不晓得罗吉士的来意，便和他握手，留他们吃晚饭。"二位只好吃些豆子，"他抱歉地说，"因为刚刚在宰牛，忽然起了风，还没宰好呢。"

盛情难却，两人便留下了。

在吃饭的时候，佣工一直等待罗吉士开口讲起杀牛的事，但是罗吉士只跟这家人说说笑笑，看着这几个孩子。当他们一听说从明天起几个星期都有牛肉吃，便高兴得眼睛发亮。

饭后，狂风仍在怒吼，主人夫妇一定要两位客人住下。于是，两人又在那里过夜。

第二天早上，两人喝了黑咖啡，吃了热豆子和面包，肚子饱饱地上路了，罗吉士对此行的来意依然闭口不提。佣工就责备他："我还以为你为了那头牛兴师问罪呢。"

罗吉士半晌都不做声，然后回答："我本来有这个念头，但是我后来又盘算了一下。你知道吗？我实际上并未白白失掉一头牛，我换到了一点儿人情味。世界上的牛何止千万，人情味却稀罕。"

英语中有一句谚语："一滴蜂蜜比一桶毒药捉住的苍蝇还多。"同样的道理，一丁点儿的友善可以达到一大堆责难所达不到的目的，更重要的是它能在人与人之间架起一座爱的桥梁。

现实生活中，人与人的频繁接触，难免会出现磕磕碰碰的现象。在这种情况下，学会大度和宽容，就会使你赢得一个良好的人际环境。"人非圣贤，孰能无过"，因此，不要对别人的过错耿耿于怀、念念不忘。生活的路，因为有了大度和宽容，才会越走越宽，而思想狭隘，则会把自己逼进死胡同儿。

马克吐温说："紫罗兰把它的香气留在那踩扁了它的那人脚踝上，这就是宽恕。"

宽容是一种良好的心理品质。它不仅包含着理解和原谅，而且也显示了一个人的气度和胸襟。一个不会宽容，只知苛求的人，其心理往往处于紧张状态中，而这种紧张的状态往往会导致一个人的心理进入恶性循环。这样的人内心会很容易留下伤痕，对人身体的健康是不利的。只有学会宽容，才会赢得健康心理。

可见，宽容在世界的发展中已经越来越重要。宽容是一种品质、一种智慧、一种境界、一种度量、一种修养。宽容是一种智慧和力量，是对生命的洞见，更是一种人生的境界，宽容创造生命的美丽。

 心灵点滴

宽容他人就是宽容自己。

2. 宽容是一种平和的生活态度

我们所谓的宽容，就是一种对不顺人心、不尽如人意的人与事看得开、想得开的豁达。我们都知道，宽容是一种明智的处世原则，更是养生的原则，豁达一些、宽容一些，你的视野就会变得更开阔，自己也活得更有精气神。

宽容不仅是人类长期崇尚的一种美德，更是生活幸福的一剂良药，是一个人的修养和善良的结晶。

一位住在山中茅屋修行的禅师，有一天趁夜色到林中散步，在皎洁的月光下，突然开悟。他喜悦地走回住处，看见自己的茅屋有小偷光顾了。找不到任何财物的小偷要离开的时候在门口遇见了禅师。原来，禅师怕惊动小偷，一直站在门口等待。他知道小偷一定找不到任何值钱的东西，早就把自己的外衣脱下拿在手上。小偷遇见禅师，正感到惊愕的时候，禅师说："你走老远的山路来探望我，总不能让你空手而回呀！夜凉了，你带着这件衣服走吧！"说着，就把衣服披在小偷身上，小偷不知所措，低着头溜走了。禅师看着小偷的背影消失在山林之中，不禁感慨地说："可怜的人呀！但愿我能送一轮明月给他。"禅师目送小偷走了以后，回到茅屋赤身打坐，他看着窗外的明月，进入空境。第二天，他在禅室里睁开眼睛，看到他披在小偷身上的外衣被整齐地叠好放在门口。禅师非常高兴，喃喃地说："我终于送了他一轮明月！"

面对进屋行窃的小偷，禅师没有责怪他，而是以一种更宽容的态度原谅了他的行为，使得原本误入歧途的小偷认识到了自己的错误，并重新悔过。可见，在某种情况下，宽容也是一种勉励、启迪、指引，它能催人弃恶从善，使误入歧途者走上正轨。

而真正的宽容就是需要一个人能容忍他人的过错，别人出现了过失，若能予以正视，并以适当的方法给予批评和帮助，便能帮助一个人重塑健康的心灵，使其免于大错。

宽恕他人是一个人成熟的标志。一个人要想成为一个生活的强者，就应该豁达大度，具有超凡的宽容。一个微笑、一句幽默，也许就能化解人与人之间的怨恨和矛盾，填平感情的沟壑，这是上帝赐予

每个人最美丽的做人原则之一。如果我们坚守这个原则，那么，社会将少一些埋怨指责，少一些作奸犯科，多一些和谐多一些平安。相信在更多的宽容中，我们的社会将会变得更加和谐、更加美好，我们的生活将会变得更加轻松、更加快乐。

 心灵点滴

在生活中，我们每个人都应该拥有宽广的胸怀。只有大的胸怀，才有高的境界；有高的境界，才能干大的事业。

3. 小心， 别让愤怒毁了你

生活是五味俱全的。小时无忧无虑，倍受家长宠爱，这叫"甜"；随着年龄的增长，有些时候会感到心酸，无可奈何，这叫"酸"；再长大一些，参加了工作，会感受到许多的生活与自己的想法发生背离，会有坎坷、有磨难、有无助，这叫"苦"；随着人生阅历的丰富，有时候会收获到一些突如其来的喜悦，让你兴奋异常，这叫"辣"……

当然，在这五味俱全的生活中，不同的人有不同的感觉，但更多的人常常挂在嘴边的一句话就是生活太苦。生活究竟苦不苦呢？这源于自己的心态。

一老僧坐在路边，双目紧合，盘着双腿，两手交握在衣襟之下。他坐在那里，一动不动，陷于沉思。突然，他的冥思被打断。打断他的是武士嘶哑而恳求的声音："请你告诉我什么是天堂，什么是地狱？"

开始老僧无反应，好像什么也没听到。

渐渐地，他睁开双眼，嘴角露出一丝微笑。

武士站在旁边，迫不及待，有如热锅上的蚂蚁。

"你想知道天堂和地狱的秘密？"老僧最后说道，"你手脚沾满污泥，头发蓬乱，剑上锈迹斑斑，一看就没有好好保管。你这家伙，你还来问我天堂和地狱的秘密？"

武士恶狠狠地骂了一句。他拔出剑来，举到老僧头上，他满脸通红的血脉鼓胀着，脖子上青筋暴露，眼看就要拿下老僧脖子上的人头。

利剑就要落下，老僧忽然轻轻说道："这就是地狱。"

刹那间，武士惊愕不已，肃然起敬，对眼前这个敢用生命来教育他的瘦弱老僧充满怜悯和爱意。他的剑停在了半空，他的眼中噙满感激的泪水。

"这就是天堂。"老僧说道。

《行路歌》中写得好："别人骑马我骑驴，仔细思量我不如；回头只一看，又有挑脚夫。"一个人总是认为自己是这个世界上最最不幸的人，因为他很穷，穷得连一双袜子也买不起。然而，一天他突然看见一个人没有脚，这时，他才明白自己并非是这个世界上最不幸的人。一位长者对这个人予以这样评价："你比别人好，别人比你强。"这就是人生。所以，人生一世不要刻意去和别人比什么，只有自己觉得好，那才是真的好。如果你能这样看待生活，那么，你的生活就会很幸福。

用一种忧郁的心境去体味人生，去看待人生，那人生便会成为一种折磨、一种煎熬。人生总会有许多不如意的地方，我们与其悲观地

把人生看成是一场毫无意义的挣扎，不如转变自己的思想，多看一下自己身边的美好之处。

不要幻想生活总是那么圆圆满满，也不要幻想在生活的四季中享受所有的春天，每个人的一生都注定要跋涉沟沟坎坎，品尝无奈与苦涩，经历挫折与失意。古人云：人生不如意事十之八九。生活中并不能一帆风顺，有成功，也有失败；有开心，也有失落。如果我们把生活中的这些起起落落看得太重，那么生活对于我们来说永远都不会坦然，永远都没有欢笑。倒不如一切随遇而安，换个角度去思考，把艰难险阻看做是人生的另一种馈赠，当做对人的意志的磨砺和考验。

心灵点滴

人生在世，难免会遭遇不愉快，难免会遭遇挫折和不幸，如果一味沉湎于痛苦，抱怨命运，总是哭丧着脸过日子，生活无疑是凄凉的、痛苦、无奈的。

4. 解开心结，宽厚待人

生活中难免会出现一些磕磕碰碰，这时要学会调节自我的情绪，只有把心中的这个结解开，才能化解矛盾。所以，为人处世，首先应当有一个"宽容"的胸怀，宽容即性格开朗，气量宏大。也就是说，我们在处理人际关系时，要气量宽宏，能够容人。

能够容人的人往往有着宽大的胸怀，有着海纳百川的气量，不会为小事斤斤计较，不会为个人得失而郁郁寡欢。能够容人的人有着宽广的胸襟，他能容天下难容之事。在他面前，不会为做错一件事而惴惴不安。因为他总是那么大度那么宽容。听到逆耳忠言他会报之以感谢；听到谗言诽谤，一笑而置之。

有一对夫妇，在住处附近开了一家食品店，家里有一个漂亮的女儿。无意间，夫妇俩发现女儿的肚子无缘无故地大了起来。

这种见不得人的事，使得她的父母震怒异常！在父母一再逼问下，她终于吞吞吐吐地说出了"白隐"两个字。

她的父母怒不可遏地去找白隐禅师理论，但这位大师不置可否，只若无其事地答道："就是这样吗？"孩子生下来后，就送给了白隐。此时，白隐早已名誉扫地，但他并不以为然，只是非常细心地照顾孩子——他向邻居乞求婴儿所需的奶水和其他用品。虽不免横遭白眼或是冷嘲热讽，他总是处之泰然，仿佛他是受托抚养别人的孩子一般。

事隔一年后，这位没有结婚的妈妈，终于不忍心再欺瞒下去了。她老老实实地向父母吐露真情：孩子的生父是一名青年。

她的父母立即将她带到白隐那里，向他道歉，请他原谅，并将孩子带回。

白隐仍然是淡然如水，他只是在交回孩子的时候，轻声说道："就是这样吗？"仿佛不曾发生过什么事；即使有，也只像微风吹过耳畔，霎时即逝。

大千世界，难免会有被人误会的时候，这就要看你能不能解开心

第三章
宽容，这样活才不累

中的"结"。对于一个豁达的人来说，在遭遇别人误解的时候，他们会本能地以客观的态度看事情，摆脱自我纠缠，不会因为别人的误解而一蹶不振。在他们的思维中，一般都会存在一种趋利避害的思维习惯。这种趋利避害不是为了功利，而是为了保持情绪与心境的明亮与稳定。白隐为了给邻居的女儿以生存的机会和空间，舍弃了为自己洗刷清白的机会，始终处之泰然，这反映了白隐的修养之高、道德之美。

《菜根谭》中讲："路径窄处留一步，与人行；滋味浓时减三分，让人尝。此是涉世一极乐法。"可谓深得处世的奥妙。

君子都会有宽忍大度的心境。做人不能太清高了，因为世界本来就很复杂，什么样的人都有，什么样的思想都有，如果你事事都与他人斤斤计较，只会让自己烦恼。所以，做人必须要有容纳污秽与承受耻辱的能力，再加上包容一切善恶贤愚的态度，才能有成功的人生。

所以，要学会豁达，不断和自己对话，学会接纳现有结果，对得失不斤斤计较。即使身处逆境也要多发掘事物积极的一面，否则急得一夜白了头，也于事无补。对人要学会换位思考，包容一切，不能像刺猬一样，谁招惹了你就扎谁。许多事情只要卸下思想上的包袱，想通了，就不是什么烦心的事了。只有会解思想上的"结"，人生路上才不会吃亏，才能走得更轻松，才能得到更多的幸福和快乐。此时，你才会具有一种健康的心态。

心灵点滴

以宽容的心境处世，就会给自己赢得一个广阔的心灵空间，得而不喜，失而不忧，把握自我，超越自己。

5. 冷静的头脑与包容的心

世界上总有一些人能够拥有硕大而珍贵的珍珠，只因为他们拥有一对能包容珍珠的贝。生活中有很多的时候会让你怒不可遏，那时的你是冲动的还是冷静的呢？有很多需要接纳与包容的事情，你的心灵为它们留有位子吗？

在英国的一个城镇，有一对年轻人结婚了，婚后他们很恩爱，但他的太太因难产而死，遗下一个孩子。他既要工作，又要照看家里的孩子，忙得不可开交，面对这种情况，怎样能平衡一下呢？他想到了一个办法，训练一只狗，狗聪明听话，能照顾小孩，咬着奶瓶喂奶给孩子喝。

一天，他出门去了，叫狗帮他照顾孩子。然而，当日因为下起了大雪，路面很滑，加之他去的地方又比较远，所以当日无法返回，第二天才赶回家。当他第二天赶回家时，狗听到了脚步声，立即出来迎接主人。当他把房门开，十分吃惊，发现到处是血，床上也是血，而孩子不见了，身边的狗满脸都是血。他发现这种情形，第一反应就是以为狗兽性发作，把孩子吃掉了，悲愤之下，拿起刀把狗杀死了。而此刻，他忽然听到孩子的啼哭声，于是他跑到里面一看，原来孩子安然无恙地躺在摇篮里。他很奇怪，不知究竟是怎么回事，再看看狗身，

第三章 ▼▼▼
宽容，这样活才不累

腿上的肉没有了，旁边有一只狼，嘴里还叼着狗的肉。原来狗救了他的孩子，但他却误会了忠诚的狗，并把它误杀了。

读了这个故事，我想说的一句话就是：一些不幸事情的发生，是因为很多人缺乏包容心而引发的。试想，当他进屋看到遍地狼藉，到处都是血时，如果主人再向屋里走走看看，就会是一个皆大欢喜的场面。我想事后这条狗的主人一定很后悔，而这种后悔是在内心里对自己的一种忏悔，而这种忏悔会左右我们的生活。在没弄清事情的真相时请拥有一颗包容的心，那样你会对事情有一个整体而全面的判断。

那么，我们的包容体现在哪里，不仅仅体现在我们对待事情的宽容方面，还体现在别人遇到困难，你所表达出的体谅与宽容。

战后，他从旧金山打电话给他的父母，告诉他们："爸妈，我回来了，可是我有个不情之请，我想带一个朋友同我一起回家。"

"当然好啊！"他们回答，"我们会很高兴见到的。"

不过，儿子又继续下去，"可是有件事我想先告诉你们，他在越战里受了重伤，少了一条胳臂和一只脚，他现在走投无路，我想请他回来和我们一起生活。"

"儿子，我很遗憾，不过或许我们可以帮他找个安身之处。"父亲又接着说，"儿子，你不知道自己在说些什么。像他这样残障的人会对我们的生活造成很大的负担。我们还有自己的生活要过，不能让他就这样破坏了。我建议你先回家，然后忘了他，他会找到自己的一片天空的。"就在此时儿子挂上了电话，他的父母再也没有他的消息了。

几天后，这对父母接到了来自旧金山警局的电话，说他们亲爱的儿子已经坠楼身亡了，警方相信这只是单纯的自杀案件。于是他们伤心欲绝地飞往旧金山，并在警方带领之下到停尸间去辨认儿子的遗体。

那的确是他们的儿子，但令人惊讶的是儿子只有一条胳臂和一条腿。

如果父母对儿子多些一份理解，那将是皆大欢喜的场面，可是这个故事却是一场悲剧，父母成了杀害子女的凶手，虽未直接动手，却是亲手灭掉了儿子活下去的希望。

包容是人生中最大的一笔财富，人生何其短暂，生命何等无常，同样是一辈子，有的人在不尽的悲愤和埋怨中度过，有的人却在快乐与幸福中度过。包容别人，这是成就你一生的财富！

心灵点滴

心胸有多大，事业就有多大；包容有多少，拥有就有多少。

6. 宽容能赢得好人缘

宽容是一种人性的力量。人自从降生到这个世界上，就开始与周围的一切打交道，直至离开这个世界，一直处于社会这个大群体和自己身边的小群体之中。一个人有多大心胸，便能做多大的事业，有多

大的心胸，便有多大的人格魅力。

当然，人与人不一样，事与事也有不同，不可能人人都合我们的心思，事事都如我们所愿。但是生活还得继续，我们依然每天要与人交往，每天要办事，解决这一矛盾的唯一途径就是学会宽容。如果说忍耐多少掺杂了些许的无可奈何，那么宽容则是发自内心的襟怀坦荡。人的成熟表现在性情上的温厚平和，岁月的烘烤不知不觉地蒸发了心灵中多余的水分，使虚涵的胸怀不至于动辄泛滥外面投来的石子也难以激起太大的水花和波纹。不苛求别人其实就是不苛求自己。

美国独立以前，弗吉尼亚殖民地议会选举在亚历山大里亚举行。以后成为美国总统的乔治·华盛顿上校作为这里的驻军长官也参加了选举活动。

选举最后集中于两个候选人。大多数人都支持华盛顿推举的候选人，但有一名叫威廉·宾的人则坚决反对。为此，他同华盛顿发生了激烈的争吵。争吵中，华盛顿失言说了一句冒犯对方的话，这无异于火上浇油。脾气暴躁的威廉·宾怒不可遏，一拳把华盛顿打倒在地。

华盛顿的朋友们围了上来，高声叫喊要揍威廉·宾。驻守在亚历山大里亚的华盛顿部下听说自己的司令官被辱，马上带枪赶了过来，气氛十分紧张。

在这种情况下，只要华盛顿一声令下，威廉·宾就会被打得皮开肉绽。然而，华盛顿是一个头脑冷静的人，他只说了一句："这不关你们的事。"就这样，事态才没有扩大。

第二天，威廉·宾收到了华盛顿派人送来的一张便条，要他立即到当地的一家小酒店去。威廉·宾马上意识到，这一定是华盛顿约他决斗。于是，富有骑士精神的威廉·宾毫不畏惧地拿了一把手枪，只身前往。

一路上，威廉·宾都在想如何对付身为上校的华盛顿。但当他到达那家小酒店时却大出意料之外：他见到了华盛顿的一张真诚的笑脸和一桌丰盛的酒菜。

"威廉·宾先生，"华盛顿热诚地说，"犯错误乃是人之常情，纠正错误则是件光荣的事。我相信我昨天是不对的，你在某种程度上也得到了满足。如果你认为到此可以和解的话，那么请握住我的手，让我们交个朋友吧！"

威廉·宾被华盛顿的宽容感动了，把手伸给华盛顿："华盛顿先生，请你原谅我昨天的鲁莽与无礼。"

从此以后，威廉·宾成为华盛顿的坚定的拥护者。

有能力责罚却不去责罚，反而给予平等的待遇，这样不但能够感化对手为我所用，更能够树立自己的威望，得到更多人的尊敬和拥戴，从而将对手转化为朋友，少了一个对手，便少了一些障碍，最终还是于己有益处的。

面对与我们打交道的形形色色的人，难免会有这样那样的不快、摩擦、争斗发生，在这些不愉快面前，我们需要彼此的忍让与宽容，即承认别人也是一种存在。允许自己犯错，也要容得下别人犯错，否则，只承认自己有本事，把别人看得一无是处，这样很难交到好的朋友。

一个人要坚持并不难，只要有足够的毅力；一个人要反抗也不难，只要有足够的勇敢。但是，一个人要做到宽容却是很难的，因为那是

y

第三章
宽容，这样活才不累

善良、智慧、无私、朴素、豁达、仁厚、热情、敏锐、从容……诸如此类优秀素质综合起来的一种高尚品质。世界上本没有难以割舍的深仇大恨，所有的仇恨都是人的一种心态在作怪！而一个人要想取得事业上的成功，仅仅依靠自己的力量是不够的，而仅仅依靠朋友的力量也是不足取的，还要懂得将你的竞争对手争取到你的阵营里，而这就需要你有一颗包容的心，只要你学会了包容，再大的仇恨都能消融，彼此对立的人也能化干戈为玉帛，这样我们就能左右逢源，为自己、为他人创造更多的财富和更多的机会。

所以，在社会交往中不要一味地"当仁不让"。人海茫茫，焉知他日二人不会狭路相逢？若那时他势旺你势弱，吃亏的可能就只有你了。所以说，得理也要饶人，也正是为自己以后留了后路。多一些宽容、多一些谅解，你就会多一些朋友。

 心灵点滴

宽容是一种修养、一种境界、一种美德，也是一种生存智慧。你胸中容得下多少人，就能赢得多少人；你心里能够想开多少事，就能够得到多少快乐。

7. 雅量让你不平凡

雅量在古代是人品的一个代名词，用现代的话讲就是有高素质。人总是在追求自己喜欢的东西，但是由于每个人的身份、工作、家庭背景的不同，导致他们的看法及观点不相同。这并没有什么，也不重要，最重要的是人应该有包容、尊重对方的观点、看法的雅量！

遇事能忍让，便大事化小，小事化了，而且又能感动对方，就会出现一些意想不到的好效果。人心都是肉长的，人心都是可以烘热的。你的不生气，你的忍让，不仅免除了纷争，而且很可能换来对方的义举，事情就会得到更圆满的解决。

杨玢是宋朝尚书，年纪大了便退休回家，无忧无虑地安度晚年。他家住宅宽敞、舒适，家族人丁兴旺。

有一天，他在书桌旁正要拿起《庄子》读，他的几个侄子跑进来大声说："不好了，我们家的旧宅被邻居侵占了一大半，不能饶他！"

杨玢听后，问："不要急，慢慢说，他们家侵占了我们家的旧宅地，对吗？"

"是的。"侄子们回答。

杨玢又问："他们家的宅子大还是我们家的宅子大？"侄子们不知其意，说："当然是我们家宅子大。"

杨玢又问："他们占些旧宅地，于我们有何影响？"侄子们说："没有什么大影响，虽无影响，但他们不讲理，就不应该放过他们！"杨玢笑了。

过了一会儿，杨玢指着窗外落叶，问他们："那树叶长在树上时，那枝条是属于它的，秋天树叶枯黄了落在地上，这时树叶怎么想？"他们不明白含义。杨玢干脆说："我这么大岁数，总有一天要死的，你们也有老的一天，也有要死的一天，争那一点点儿宅地对你们有什么用？"

孩子们现在明白了杨玢讲的道理，说："我们原本要告他们，状子都写好了。"

侄子呈上状子，他看后，拿起笔在状子上写了四句话："四邻侵我我从伊，毕竟须思未有时。试上含元殿基望，秋风秋草正离离。"

写罢，他再次对侄子们说："我的意思是在私利上要看透一些，遇事都要退一步，不必斤斤计较。"

不宽容别人会使我们吃很多苦头。许多人由于不能宽容别人，有时还为一点儿小事，甚至一句闲话，搞得自己坐卧不宁、茶饭不思、情绪紊乱，甚至为一点点儿小事、一句闲话自杀的也大有人在。但是，一旦宽容别人之后，我们往往会产生一次巨大的改变。

在这个过于拥挤的地球上，在情感的润滑剂日益减少的今天，求同存异是不变的生存法则，懂得宽容他人，其实就是善待自己。胸怀宽广，是一个人处世风格的整体体现，没有人不喜欢与这样的人打交道；而具有这种品格的人，他周围总是充满人气。

心灵点滴

千里家书只为墙，让他三尺又何妨。万里长城今犹在，不见当年秦始皇。

8. 宽容大于爱

关于宽容的涵义，有人曾作过这样的比喻，说：宽容如水。通常的"宽容"，即原谅他人一时的过错，不斤斤计较，不耿耿于怀，和和气气地做个大方的人。宽容如水的温柔，在遇到矛盾时往往比过激的报复更有效。它似一捧清泉，款款地抹去彼此一时的敌视，使人们冷静下来，从而看清事情的本来缘由，同时，也看清了自己。宽容似火，因为更深层次的宽容意味着不仅不计较个人的得失，更能用自己的爱与真诚来温暖别人的心灵。心平如水的宽容，已属难得；雪中送炭的宽容，更可贵，更令人动容。宽容的涵义不仅限于人与人的理解与关爱，而是内心对于天地间一切生命产生的旷达与博爱，是一种高贵的品质，是精神的成熟、心灵的丰盈。

一名少年由于父母离异，没有人管教他，经常和社会上的一些小混混在一起，养成了偷窃的恶习。

这一天放学后，他看见学校门口有了一个书摊，前面挤满了人。

少年很好奇，也挤了进去，一看，全是花花绿绿的小人书，好多

书他没有看过。少年最爱看小人书了，看见一本本小人书被同学们一一买走，赶紧也掏钱购买。可手一伸进裤兜，才发觉身上没有钱了。他想起昨天的两块钱都打了游戏机了。

少年懊恼不已，小人书越来越少，少年心急如焚，不知如何是好。他想回去拿钱再过来买，但转念一想，家离学校有一段路程，等他回来的时候，小人书也许早就卖光了。

这可怎么办呢？这时候，一个罪恶的念头马上闪进了脑海："偷"！

于是少年装做要买书的样子，拿起一本小人书翻了翻，趁摊主大爷找钱的时候偷偷地塞进了书包里。他刚要转身，突然一个洪亮的声音响起："大爷，他偷你的书！"一个高年级的同学指着少年说，少年吓出了一身冷汗，怔在那里，脸一阵红、一阵白。

意想不到的事情发生了，少年听见摊主大爷说："哦，同学，你误会了，他是我孙子。"

那一刻，少年被感动了。

那位高年级同学向摊主大爷道了歉，就离开了。少年又听见大爷对他说："你先回去叫奶奶做饭，我卖完这些书就回去。"

少年知道，大爷暗示他离开。可是他并没有离开，少年躲在一个角落里，直到摊主大爷收摊回家。他很想跑过去，向大爷说声对不起，可是他鼓不起勇气。他知道，摊主大爷宽容了他的罪恶。

从那以后，少年再也没有偷过东西了。

多年以后，那位摊主大爷已经忘记了这件事，然而一天，他突然收到一个厚厚的包裹，里面全是书，每本书上面都写着同样一句话："赠给改变我一生的人。"还有一封信，信上说："大爷：你好！我就是当年偷你小人书的那个少年，你以无限的胸怀宽容了我，你是改变我一生的人。如果你不介意，我真想叫你一声爷爷。为了报答您对我的宽容，我每出版一本新书，都会寄给您，请接受这些为我的良心赎罪的书籍。"

老人一个善意的谎言改变了一个少年的一生，可见宽容的力量是多么巨大。宽容别人的同时，也使我们自己的内心得到释放，使我们的内心获得心灵的平静，更收获了一份慰藉。

在现实生活中，我们都应该保持一颗豁达的心，无论对人还是对物，只有自己的心豁达了，你的人生才不会发生使你懊悔的事情。

心灵点滴

宽容就像天上的细雨滋润着大地，它赐福于宽容的人，也赐福于被宽容的人。我们应该学会对别人表现宽容。

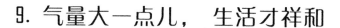

9. 气量大一点儿，生活才祥和

做到宽容就要先提高自我修养，增强自身的包容性，以宽容之心去接纳他人。具有宽容之心，才能在现实当中做到宽容，才能在现实当中与人和谐相处，也才得到他人的尊敬和认同。"记人之长，忘人之短。"真正的君子是能做到这一点的，不管君子这种豁达的心态是天生的，还是在后天的学习中达到的，不变的一点就是，君子之所以成为君子，是因为他提高了自我修养，做到了对他人宽容和谅解，这

是一般庸俗之人可望而不可即的，也只能自叹不如了。

古时候有个叫陈嚣的人，与一个叫纪伯的人做邻居。有一天夜里，纪伯偷偷地把陈嚣家的篱笆拔起来，往后挪了一挪。

这事被陈嚣发现后，心想，想扩大点儿地盘呗，我尊重你的愿望，满足你的需要，于是等纪伯回家后，陈嚣自己又把篱笆往后挪了一丈，给纪伯让出了更大一块地盘。

天亮后，纪伯发现自家的地宽出许多，觉察到陈嚣在让他，他很惭愧，不仅把侵占的地还给陈家，还主动向后退让一丈。这事情让当地的周太守知道了，非常赞赏陈嚣的行为和这行为带来的互让效果，抓住这个典型大力宣传，还命人立碑表彰，并将这个村子改名"义里"。

现实生活中，我们与亲朋、邻里、同事之间，有时也会因一点儿小摩擦便互不相让，有时甚至横刀相向。但试想一下，天地之大，经常相处在一起，本身就是一种缘分，何必斤斤计较，锱铢必较，为一些小事而伤人又伤己呢？更何况，与我们的生命相比，那些小小的矛盾又算得了什么呢？在永恒的时间面前一切都显得多么脆弱，那么不堪一击！而宽容却能为我们创造宽松的生活空间，是消除人际间紧张关系的缓冲剂，使我们在日常生活中多一分微笑与平静。所以，人与人之间多一分理解和宽容，就会少一分冲动和遗憾！

也许有人认为这是忍让行为，是卑怯懦弱的表现，其实，这正是把问题看反了。古人说得好："猝然临之而不惊，无故加之而不怒。"这才是真正的英雄，只有简单的无能之辈才会因芝麻绿豆大的小事各不相让而争得面红耳赤。而能宽容则宽容，得饶人处且饶人，才正是心胸豁达的人应该具备的高贵品质。

但宽容也并不意味着对恶人的横行迁就退让，对自私自利的鼓励与纵容。谁都可能难免遇到情势所迫的无奈、无可避免的失误、考虑欠妥的差错……所谓宽容其实就是对这些欠缺的理解，所谓宽容就是常以善意宽待有着各种缺点的人们，因其宽广而容纳了狭隘，因其宽广大度而感人。譬如水一样，以自己的无形包容了一切有形。孔子说："智者乐水。"无独有偶，美国作家房龙也曾写道："宽容从来就是一个奢侈品，买它的人都是智力非常发达的人。"一个智者是不会拒绝宽容的。当你要对一个合作者求全责备的时候，你不妨想一想自己是不是完人。

那么，宽容对一个人意味着什么呢？意味着风度、胸怀、气质，意味着亲和力、感召力和凝聚力。宽容叫人彼此认同和理解，甚至能化干戈为玉帛；宽容会使人油然而生安全感，心甘情愿解除心理武装，不再层层设防；宽容是斤斤计较、心胸狭窄的天敌。宽容是我们心中最动听的乐曲，只要这个旋律一直演奏下去，我们才是最伟大的演奏家。当然，能真正做到宽容的，是那些心地善良、富有爱心、胸怀豁达、志存高远的人，是那些有良好修养的人。人类社会是一个文明社会，文明社会包括丰富的物资和和谐的人文环境，只要我们大家加强道德学习，加强人格修养，多一些理解、多一些宽容，建立和谐社会便不是一件难事。

心灵点滴

忍让能带来互让，互让就是一种互尊。互尊就是保持邻里、社会生存环境安宁、和谐的心理条件，是一种精神文明。

10. 理解之中见晴天

常听人说起这样一句话："一个人的性格，很大程度上决定了这个人的命运。"性格其实就是各种秉性、气质、品格等的组合，人的性格因此而千姿百态。在这异彩纷呈的性格组合中，有一种品质对命运的影响常常是举足轻重的，那就是对人的宽容。

一位高僧受邀参加素宴，席间，发现在满桌精致的素食中，有一盘菜里竟然有一块肉，高僧的随从徒弟故意用筷子把肉翻出来，打算让主人看到，没想到高僧却立刻用自己的筷子把肉掩盖起来。一会儿，徒弟又把肉翻出来，高僧再度把肉遮盖起来，并在徒弟的耳畔轻声说："不要再把肉翻出来了！"徒弟听到后才没把肉翻出来。

宴后高僧辞别了主人。归途中，徒弟不解地问："师傅，刚才那厨子明明知道我们不吃荤的，为什么把肉放到素菜中？徒弟只是要让主人知道，处罚处罚他。"

高僧回答说："每个人都会犯错误，无论是有心还是无心。如果让主人看到了菜中的肉，盛怒之下他很有可能会当众处罚厨师，甚至会把厨师辞退，这都不是我愿意看见的。"

可见，一个人不仅自己的胸怀要宽广，度量要恢宏，更要注意维护他人的自尊。一个人如果损失了金钱，还可以再赚回来；一旦自尊心受到伤害，就不是那么容易弥补的，甚至还会为自己树起一个敌人，所以，做人需要"得理且饶人"。高僧看到菜中有肉，却没有把事情告发，甚至说出责难之词，这就是"得理且饶人"。

那么，何谓"得理且饶人"？就是放对方一条生路，让他有个台阶下，为他留点面子和立足之地，这太不容易做到，但如果能做到，对自己则是好处多多。

理解他人不但是做人的美德，也是人与人交往的润滑剂。人世间常常会遇到一些所谓的厄运，而这些所谓的厄运只是因为缺少对他人的宽容，在自己前进的路上自设了一块绊脚石罢了。一些所谓的幸运，也是因为无意中对他人一时的恩惠、些许的帮助，而拓宽了自己的道路。理解犹如冬日正午的阳光，能融别人心田中的冰雪为潺潺的溪流。一个不懂得理解别人的人会显得愚蠢，大概也会苍老得很快。理解也似一把伞，当流言与自责的冷雨不期而降时，请撑起理解这把伞去抵挡那些有害言论的侵蚀，去自慰焦灼疲惫的心灵吧。一个不懂得理解他人的人，会因为把生命的弦绷得太紧而伤痕累累亦或断裂。

我们生活在一个越来越重视功利的环境里。倘若太吝惜自己的私利而不肯为别人让一步路，这样的人最终会堵死了自己的出路而无路可走；倘若一味地逞强好胜而不肯接受别人的一丝见解，这样的人最终会陷入世俗的河流中而无法向前；倘若一再地求全责备而不肯容别人的一点儿瑕疵，这样的人最终宛如凌于太高的山顶却因缺氧而窒息。

总之，做人要学会宽容，这样才是为自己留后路的原则，如些才能在未来的人生旅途中进退有据，上下自如。

享受
不再纠结的
人生

心灵点滴

理解是一种处世哲学，理解也是人的一种较高的思想境界。学会理解别人，也就懂得了理解自己。

11. 记住他人的好处，忘掉他人的坏处

宽容待人，就是在心理上接纳别人，理解别人的处世方法，尊重别人的处世原则。我们在接受别人的长处之时，也要接受别人的短处、缺点与错误。总之，要能容人。世界上没有完全相同的两片叶子，每个人都有一份自己独特的优势。善于宽容别人的缺点，更多地欣赏别人出色之处，不仅体现为开阔的胸襟，还体现为一种为人处世的智慧。

小丽大学毕业后就应聘到一家公司就职，她的工作挺顺利，可不幸的是，碰上了一个麻烦的主管。这个人每天下班后没有什么事儿也要拼命加班，无事生非，把白天理好的文件弄得一团糟，转眼出了错，又把责任全部推给小丽。

小丽不是一个会争的女孩子，只好忍气吞声地干了三个月，后来一气之下，小丽就去了另一家外资公司。在那里，她出色的工作博得了许多同事的称赞，但无论如何也没法使苛刻、暴躁的经理满意。

小丽感到心灰意冷，于是又萌发了想要跳槽的念头，冲动之下向总裁递交了辞呈。总裁先生没有竭力挽留小丽，只是告诉她自己处世

多年得出的一条经验：如果你讨厌一个人，那么你就要试着去爱他，从他身上找优点。结果，她发现了上司的两大优点，而上司也渐渐喜欢上了她，小丽悄悄地收回了辞呈。

我们每个人在生活、工作中，都难免会出现这样或那样的失误与差错。在这时，如果没有宽容，你不让我，我不让你，很容易引发家庭或同事间的矛盾。

从我们刚刚懂事开始，我们学习的人生第一课实际上就是和别人相处。最初和我们相处的是我们的父母，之后有托儿所、幼儿园的阿姨和小朋友，之后又有从小学到大学期间的老师和同学。等到我们走上了社会，我们的交际范围进一步扩大，各式各样的人物走进了我们的生活和我们打交道。有些人成为我们一生的朋友、知己、伴侣。除了和我们朝夕相处的生活伴侣，和我们交往最多的还是我们工作上的同事、生意上的伙伴，他们中的一些人也会成为我们人生的朋友。

如何和他人相处，看起来似乎是一个很简单的问题，但在实际生活和工作中，并非如我们想象的这般简单，其中也有许多人陷入了求全责备的误区。

你可能在生活中听到过类似这样的话语：

"他怎么能跟我们搞这个项目，瞧瞧他那副清高的样子！"

"他性格太孤僻，进我们公司不合适。"

"这个人个性太强，不适合到我们团队里。"

俗话说，"金无赤足，人无完人"。生活、做人的道理我们都懂，但一遇到具体的事情，我们却常常犯类似上面话语的毛病。即对他人的要求超出了对一个普通人的要求，要求他人尽善尽美，没有缺点和

不足。一旦发现或意识到他人身上有缺点和不足，就开始求全责备。由于对对方身上的一些无关紧要的缺点看不顺眼，而拒绝同对方进行很有价值的或者很有意义的合作。这种由于非本质的好恶而排斥同对方交往的做法是生活上的一种失利、事业上的一种挫败。

所以，当我们在生活中遇到类似这样的问题需要我们作出抉择的时候，当你对他人求全责备的时候，你也该想想，你也不是完人，也并非十全十美。

心灵点滴

既往不咎的人，才可甩掉沉重的包袱，大踏步地前进。

12. 以德报怨

《兵经百篇》说："战胜勇敢一定要用智谋，战胜智谋一定要用德行，战胜德行一定要修行更加宽容的德行。"衡量一个人的成就大小，就看他能否修行了宽容的德行。唯有宽恕别人，才能容忍别人；唯有容忍别人，才能领导别人；唯有具备领导别人能力的人，才能成就他的伟大事功，才能"为天地立心，为生民立命，为万世开太平"。"以怨恨回报怨恨，怨恨就没有尽头；以德行回报怨恨，怨恨就顿时消失。"这是处世的准则。

曹操的曾祖父曹节素以仁厚著称乡里。一次，邻居家的猪跑丢了，而此猪与曹节家里的猪长得一样。邻居就找到曹家，说那是他家的猪。曹节也不与他争，就把猪给了邻居。后来邻居家的猪找到了，知道搞错了，就把曹节家的猪送回来了，连连道歉，曹节也只是笑笑，并没有责怪邻居。

魏国大夫宋就担任和楚国邻界的边县县令。两国的边亭都种瓜，魏国边亭的人勤于浇灌，瓜长得很好；楚国边亭的人懒于浇灌，瓜长得不好。楚亭人出于嫉妒，夜里偷偷去拔魏亭的瓜。魏亭人发现后也要去拔楚亭的瓜，宋就不但予以制止，而且让魏亭人在夜里悄悄地为楚亭人浇瓜，楚亭的瓜于是长得越来越好。楚王闻知此事后，感到很惭愧，以厚礼致谢，并主动要求与魏国建立睦邻关系。

读了这两个故事，我们可以认识到：以怨报怨，以牙还牙，以毒攻毒，虽然可以解一时之气，却难以平息由此产生的严重后果，结果总是导致仇人增多、友人减少。而聪明人往往采取以德报怨的方法。

俗话说，"得饶人处且饶人"，所以懂得宽容之人犯不上因为一些事与他人计较，那太不值得了。

生活中，恩将仇报的人是屡见不鲜的，以德报怨的人却并不多见。有不少人往往为了非原则问题、小小的皮毛问题争得不亦乐乎，谁也不肯甘拜下风，有时说着论着就较起真儿来，以致于非得决一雌雄不可，严重的甚至还会大打出手，或者闹个不欢而散、鸡飞狗跳，影响了团结，这是坚决不可取的。那么当自己与别人发生矛盾冲突后究竟应该怎么办呢？这就要求我们"以德报怨"，即不要因为不值得的小事去得罪别人，而要能以一种豁达的心胸，以君子般的坦然姿态，原谅别人的过错。宽容和豁达的人才能到达人生的最高境界。

享受
不再纠结的
人生

大凡为人者，施人以物，人思以财还；施人以财，人思以情还；施人以情，人思以恩还；施人以恩，人思以德还。

13. 上善若水

《道德经》中说："上善若水。水善利万物，而不争；居众人之所恶，故几于道。居善地，心善渊，与善仁，言善信，政善治，事善能，动善时。夫唯不争，故无尤。"其意思是说："最善的人好像水一样。水善于滋润万物而不与万物相争；停留在众人都不喜欢的地方，所以最接近于'道'。最善的人，居处最善于选择地方，心胸善于保持沉静而深不可测，待人善于真诚、友爱和无私，说话善于恪守信用，为政善于精简处理，能把国家治理好，处事能够善于发挥所长，行动善于把握时机。最善的人所作所为正因为有不争的美德，所以没有过失，也就没有怨咎。"

传说，在古时候有一位国王名叫"长寿"，他有一个儿子叫"长生"。长寿王素来以其道德修养治国，从不乱用刑罚，所以他的国家一直风调雨顺，国泰民安。相反，邻近的一个国家的国王却心狠手辣，被百姓所唾弃，人人称他为"恶霸王"。

一天，恶霸王率领军队攻打长寿王统治的国家。长寿王十万火急地召集了文武百官说："众爱卿啊！恶霸王进攻我国，主要是要抢夺我们的粮食、珍宝，还有国土，如果发兵跟他们抗争到底，一定会丧失很多人的生命，不管是我们的人民，还是邻国的百姓，生命都同样可贵，为了不两败俱伤，残害百姓生灵，我已经决定把所有的一切都让给恶霸王，所以从现在开始，大家要自求多福！而我跟太子想要隐居深山，大家后会有期了！"

虽然长寿王如此宽宏慈悯，但恶霸王还是不肯罢休。在霸占了国土以后，恶霸王仍四处捉拿长寿王父子。最后长寿王落入恶霸王的手里，恶霸王要当众烧死长寿王！这时，太子长生打扮成一个樵夫，混入人群里。他看到父王被绑在四边都是柴堆的台上，马上就要被火烧死了，忍不住流下悲伤的泪水。长寿王也看到太子了，他恐怕太子以后会报仇，便抬头向天大喊："为人子最大的孝心是让父母死而无憾，千万不要为了替我报仇，弄得冤冤相报。对你来说，孝顺就是让我在九泉之下可以安心长眠，你要化悲痛为力量，好好地活下去！"长寿王就这样活活被烧死了。

太子长生满心悲伤偷偷地回到城里，打扮成一个杂役供人雇用，以伺机报仇。他在一个大官的家里种菜，主人有一次问他："长生，你会不会做饭？"长生就回答："老爷，我当然会啊！"于是老爷就提拔长生当总厨师。

一天，老爷请恶霸王到家里来做客，当恶霸王吃到这么可口细致的菜品时，连连称赞说："爱卿啊，这些好吃的饭菜都是谁做的？"

大臣回答："陛下，是前不久我雇的一个做杂役的年轻人做的，我也想不到他的手艺会这么好！"

恶霸王说："这么好的人才应该送给我才对！你怎么可以留在家

里独享呢？"于是大臣就把长生送给了恶霸王，当了他的专门厨师。

一天，恶霸王带长生出去打猎，上山之后无意中发现了长生的真实身份。长生就对恶霸王说："其实我是长寿王的太子长生，我有很多机会可以把你杀死，替我的父王报仇，例如我只要在饭菜里下毒，你就会一命呜呼！但是只要一想到父王临终时再三叮咛我不可心存报仇之念，我就不忍心下手，现在只希望遵循父王临终的旨意，以慰他老人家在天之灵。现在你既然已经知道我的身份了，要杀要剐随你！"

恶霸王听完太子的话以后非常感动，也十分后悔，就将国土还给太子长生，并向太子保证："如果以后有别国来侵犯你们，我一定尽力援助你们，希望你不计前嫌，原谅我过去的恶行！"

报复行为是一把双刃剑，既伤人，又伤己。因此，以慈悲之心，化解报复之心，才可保终身平安。老子用水性来比喻有高尚品德者的人格，认为他们的品德像水那样：一是柔，二是停留在卑下的地方，三是滋润万物而不与争。最完善的人格也应该具有这种心态与行为。

所以，我们人类也应该拥有水一样的品格，言谈举止要如行云流水，循循善诱，悠然洒脱。这样就能助人而自乐，与世无争，日子过得恬淡自然，就能避免与人发生矛盾冲突，就能免去患得患失的精神折磨。做到了如水的品格，就能与大道协调一致，就会免去争斗、免去纷扰、免去痛苦、免去烦恼，就能过得逍遥自在，赛似天神。

心灵点滴

水具有滋润万物的本性，而与万物毫无利害冲突；水具有宽广的胸怀，甘居于人们所厌恶的卑下、污浊的地方。

14. 包容才能快乐

包容和忍让能换来甜蜜的结果，包容和忍让是消除报复的良方。你带上这个"护身符"，就能保你一生平安。

在一家餐馆里，一位老太太买了一碗汤，在餐桌前坐下，突然想起忘了取面包。她取了面包，重新返回餐桌，却发现自己的座位上坐了一个男人，正在喝自己那碗汤。

"他无权喝我的汤，"老太太寻思，"可是，他或许太穷了，算了。不过，不能让他一个人把汤全喝了。"于是，老太太拿了汤匙，与男人面对面坐下，不声不响开始喝汤。

就这样，一碗汤被两个人共喝着，两个人都默默无语。

男人突然站起身，端来一盘面条，放在老太太面前，面条里插着两把叉子。

两个人继续吃着，吃完了，各自起身，准备离去。

"再见！"老太太说。

"再见！"男人说。他显得很愉快，因为他做了件好事。

男人走后，老太太才发现旁边一张餐桌上，摆着一碗汤——一碗被人忘了喝的汤……

俗话说，最珍贵的宝玉也会有污点，再好的文学作品也会有不足

之处，再精巧的工匠也会有做得不够精巧的地方。看人和事，不能片面，也不能绝对化；不能因为自己一时片面地看问题，而把错处全部归咎给对方，也不能因为自己片面看问题，而把错误全部归咎自己，认为对方完美无瑕。

每个人都应拥有一颗宽容之心，用我们伟大的心灵去发现生活的美好、人与人之间的真诚。事实上，宽容了别人，也就成就了自己。假若你过分嫉恶如仇，那么其结果往往会适得其反。

一匹马找到一块丰美的草地，常到这里来饱餐。

可是后来，一只鹿也发现了这秘密，趁马不在时，也跑来吃点儿草。

马发现了这件事，觉得鹿侵占了自己的利益，想报复鹿，但自己又无能为力，就请人来帮忙。人说："我也没办法，除非你套上辔头，我骑上你，才能追上它，惩罚它。"

人骑着马，惩罚了鹿。之后，便把马拴在了槽头。这时，马才省悟过来，长叹道："我真傻，为着一点儿小事而图报复，反而使自己沦为奴隶。"

包容，可使你表现出良好的素养，同时也能引发别人的回应。懂得包容别人，自己的性格就有了回旋的余地，不容易发脾气、闹情绪或当面跟别人起冲突。

包容是我们心灵成长的动力，包容能治疗一切痛恨，能够增强人际关系的和谐；不肯包容的人大多是自以为聪明的人，但从长远来看，他们并不聪明。记住别人对我们的恩惠，洗去我们对敌人的怨恨，在人生的旅途中才能自由地飞翔。

心灵点滴

岁月如梭，人生苦短。以宽容的态度面对生活，我们就会获得无比的快乐。

15. 君子不计人之过

一个人的举止、气质是无可替代的。荀子告诉人们，长者的风范是这样：所戴的帽子高大，衣服宽敞，面色温和，庄庄重重的，严严肃肃的，宽宽舒舒的，大大方方的，开开脱脱的，明明朗朗的，坦坦荡荡的。张英有长者的风范，"千里来信为堵墙"之事，为后人留下了一个美好的传说。俗话说："若要好，大让小。"对一些小事或意气之争听而不闻，付之一笑，有这种气度，就显示出君子的风度来。

杨翥的邻人丢失了一只鸡，说被姓杨的偷去了。家人告知杨翥，杨翥说："又不是只有我一家姓杨，随他骂去。"

又一邻居每遇下雨天，便将自家院中的积水排放进杨翥家中，使杨家深受脏污潮湿之苦。家人告知杨翥，他却劝解家人："总是晴天干燥的时日多，落雨的日子少。"

久而久之，邻居们被杨翥的忍让所感动。有一年，一伙贼人密谋抢杨家的财宝，邻人们得知后，主动组织起来帮杨家守夜防贼，使杨

103

家免去了这场灾祸。

最高境界的宽容就是宽容那些曾经伤害过我们的人。这不是一件容易的事，但原谅那些曾经伤害过自己的人，这样会给你带来一种身心的平和。如果你对那些微不足道的陈年往事耿耿于怀，你就不能体会到这种平静。相反，人与人之间，如果缺乏宽容，那么将永远处于积怨难消、疑虑丛生、猜忌报复的恶性循环之中，永远无法和谐相处；缺乏宽容之心，幸福之花就没有成长的土壤和绽放的空间，所以，对人要学会宽容。

君子之所以为君子，就在于他能容纳小人。常言道："水至清则无鱼，人至察则无徒。"这就告诉我们，如果对事物的观察太敏锐，就会觉得他人浑身都是缺点，不值得与之交往；另外，旁人也会对他的过分挑剔感到难以忍受，而不愿意追随他。所以说，君子要有宽宏的度量，要能够忍让，能够接纳世俗乃至丑恶的事物，这就是"君子不计小人过"的实质。

被风吹袭的路人，只会更紧地裹住衣服，而温暖的阳光，却使人愿意解开厚重的大衣。当我们要打开人们的心房时，一颗宽容而真挚的心，是最有效的工具。

 心灵点滴

宽容自己是一种醒悟，宽容别人是一种胸怀。当你的一只脚踩到了紫罗兰的花瓣上时，它却把芳香留在了你的脚上，这就是宽容。

珍惜，做好生命的管家

　　面对人生，我们有失有得。仔细审视过去，仍然是得大于失，所以不必耿耿于失去的和得不到的。若总是苦苦追寻失去的，不但不能失而复得还徒增了烦恼和伤感。珍惜你已拥有的和将要拥有的，就能享受生活的馈赠，获得心理上的宁静，拥有一个潇洒的人生！

1. 做生命的好管家

孔子曾这样说过："逝者如斯夫，不舍昼夜！"意思是：时间就像这奔流的河水一样，不论白天黑夜不停地流逝。寓意光阴似流水一样一去不回，要倍加珍惜。

人类最大的悲哀在于，我们永远去羡慕别人、看着别人，对自己已拥有的东西很难去珍惜。学会珍惜，快乐就会变得很简单。而努力生活得更快乐才是对珍惜的最好回答。只有懂得珍惜，你才能以理解、宽容、忍让的态度去面对生活中的一切，才会蹚过烦恼的河流去追求一种新的境界，才能做好生命的管家。

内德·兰塞姆是美国纽约州最著名的牧师，他有极高的威望，他一生无数次来到终者的床前，聆听临终者的忏悔，他的献身精神不知感化过多少人。

后来84岁的兰塞姆由于年龄的关系，已无法走近需要他的人。他躺在教堂的一间阁楼里，打算写一本书。把自己对生命、对生活、对死亡的认知告诉世人。他多次动笔，几易其稿，都感觉到没有说出他心中要表达的东西。

一天，一位老妇人来敲他的门，说自己的丈夫快要不行了，临终前很想见见他。兰塞姆不愿让这位远道而来的妇人失望，在别人的搀扶下，他去了。

临终者是位布店老板，已72岁，年轻时曾和著名音乐指挥家卡拉扬一起学吹小号。他说他非常喜欢音乐，当时他的成绩远在卡拉扬之上，老师也非常看好他的前程，可惜20岁时，他迷上了赛马，结果把音乐荒废了，要不然他可能是一个相当不错的音乐家。现在生命快要结束了，一生庸庸碌碌，他感到非常遗憾。他告诉兰塞姆，到另一个世界里，他绝不会再做这样的傻事，他请求上帝宽恕他，再给他一次学习音乐的机会。兰塞姆很体谅他的心情，尽力安抚他，答应回去后为他祈祷，并告诉他，这次忏悔使自己也很受启发。

　　兰塞姆回到教堂，拿出他的60多本日记，决定把一些人的临终忏悔编成一本书，他认为无论他如何论述生死，都不如这些话能给人们以启迪。他给书起了名字，叫《最后的话》，书的内容也从日记中圈出。可是在芝加哥麦金利影印公司承印该书时，芝加哥大地震发生了，兰塞姆的63本日记毁于火灾。随后《基督教真理箴言报》非常痛惜地报道了这件事，把它称为基督教世界的"芝加哥大地震"。兰塞姆也深感痛心，他知道凭他的余年不可能再回忆出这些东西，因为那一年他已是90岁高龄的老人了。

　　兰塞姆临终前，他对身边的人说，基督画像的后面有一只牛皮信封，那里有他留给世人"最后的话"。兰塞姆去世后，葬在新圣保罗大教堂，他的墓碑上工工整整刻着他的手迹：假如时光可以倒流，世上将有一半的人成为伟人……

　　所以，活着的人要记住，生命是美丽的，美丽总是短暂的，紧紧抓住它吧！生命对于我们来说，只有一次！好好珍惜，只有做好生命的管家，我们才不会为昨天的自己的行为而后悔。

第四章
珍惜，做好生命的管家

在伟大的宇宙空间，在无限的时间长河里，百年人生，几多春秋，仅是微小的波浪。"时间是构成一个人生命的材料。"只要在有限的生命里充分地利用它，你就会延长生命，你的生命就会过得更有意义。

鲁迅先生曾经说过："时间，每天得到的都是 24 小时，可是一天的时间给勤劳的人带来智慧与力量，给懒散的人只能留下一片悔恨。"这句话形象地写出了成功的人珍惜每分每秒，成就辉煌；而失败的人正因为抱着"做一天和尚敲一天钟"得过且过的思想，而在不断地消磨时间，在他们眼里时间是漫长和无谓的，而当他们回过头之后，才发现时间如流水一去不复返，才发现时间的可贵，所以，我们应牢记"少壮不努力，老大徒伤悲"！

 心灵点滴

昨天是一张过期的旧支票，明天是一笔尚不能取出的存款，唯有今天才是摆在你面前的现金。

2. 让心灵快乐地散步

人活着，最重要的就是快乐，要想快乐，就要遇事想得开、分得明、把心事放下、理智地去应对每一件事。当然，要做到把烦恼抛开并不容易，所以，要经营好人生，应该少去想那些不切实际的东西，少去为那些不现实的东西烦忧。简单点说，就是调整好心态，只要把烦恼的事放下，做好自己该做的事，你就会成为快乐的人！

一天，哲学家率领诸弟子走到街市上，整个街市车水马龙，叫卖声不绝于耳，一派繁荣兴隆的景象。

走出一程后，哲学家问弟子："刚才所看到的商贩中，哪个面带喜悦之色呢？"一个弟子回答道："我经过的那个鱼肆，买鱼的人很多，主人应接不暇，脸上一直漾着笑容。"弟子的话还没说完，哲学家便摇了摇头，说："为利欲的心虽喜却不能持久。"

哲学家率众弟子继续往前走，前面是一大片农舍，鸡鸣桑树，犬吠深巷，三三两两的农人穿梭忙碌着。哲学家打发众弟子四散了去。过了一段时间之后，哲学家又问弟子："刚才所见到的农人之中，哪个看起来更充实呢？"

一个弟子上前一步，答道："村东头有个黑脸的农民，家里养着鸡鸭牛马，坡上有几十亩地，他忙乎完家里的事情，又到坡上侍弄田地，一刻也不闲着，始终汗流浃背，这个农民应该是充实的。"哲学家略微沉吟了一阵子，说："来源于琐碎的充实，最后终归要迷失在琐碎当中，也不是最充实的。"

一行人继续往前走，前面是一面山坡，坡上是云彩般的羊群。一块巨石上，坐着一位形容枯槁的老者，怀里抱着一杆鞭子，正在向远方眺望。哲学家随即止住了众弟子的脚步，说："这位老者游目骋怀，是生活的主人。"众弟子面面相觑，心想，一个放羊的老头，可能孤独无依、衣食无着，怎么能是生活的主人呢？哲学家看了看迷惑不解的弟子，朗声道："难道你们看不到他的心灵在快乐地散步吗？"

人生的道路虽然各不相同，但命运对每个人都是公平的。窗外有

第四章
珍惜，做好生命的管家

土也有星，有快乐也有痛苦，就看你能不能有轻松的心境，让心灵快乐地散步，留点快乐给自己，让自己的心灵解放出来，远离那些无关紧要的事情，去注意一些必须做的事情，就能看清你的过去、现在与未来，心灵的空间扩大，你就会觉得轻松。

现代社会中，人们工作和生活的节奏不断加快，竞争也日渐激烈，如果人们不注意调整自己的心态，释放自己的心灵，就很容易产生身心疲劳感，即人们常说的"活得累"。要改变这种心态，就要学会释放自己的心灵。

试看世人忙忙碌碌，曾经拥有的一切到最后只能像风一样消失，与其紧张沉重、身心疲惫地度过一生，不如让眉头舒展一点儿，让呼吸从容一点儿，让匆匆脚步放慢，让压力烟消云散，让心灵快乐地散步。

 心灵点滴

好心情是自己寻找的，好生活是自己创造的，奔波之余、沮丧之下，别忘了给自己的心灵放个假。

3. 珍惜时光， 不给自己留下遗憾

时光如流水，一去不复回；生命只有一次，不会从头再来。我们能做的只能是吸取前人的经验和教训，把握时光，珍惜生命，珍惜生活的点点滴滴，尽可能减少生命中的遗憾。

假如你把每一天当成生命的最后一天，你就不会再抱怨生活，而是懂得了珍惜。

有一个人去求教心理医生，他抱怨道："我的生活乏味透了，真没意思。"

"那么，我们做一个小小的实验吧。"医生说，"明天一早醒来的时候，你就想象并且假装这天将是你还能活着的最后一天。你躺在床上，努力试着下床，同时告诉自己，这是最后一次躺在柔软的床上了，也是最后一次从睡眠中醒过来了。

"然后你下楼去吃早饭，要记住哦，那是你最后的一顿早餐。请太太替你弄一些你最爱吃的东西。不要像平常一样在餐桌上看报，而是要跟太太好好谈谈话，因为你以后再也没有这样的机会了。

"在去车站的路上，要慢慢地走，好好看看你自己的房子、你住的小镇，也好好看看你左邻右舍的房子，因为这也是最后的一次了。上了火车，要明白那是你最后一次坐火车进城，你不喜欢的东西，也都要去瞧它一眼，因为你很快就要跟他们永远再见了。"

这个人答应了医生，要尽力去做这个实验，然后回来报告结果。

他根本没有等到第二天，马上就开始想象当天就是他的末日了。在回家的火车上，他仔细观察窗外景致，而不是像以前一样翻阅晚报，结果他发现小镇和村庄的灯光非常迷人，真正地品尝到了坐火车的乐趣。

然后在星空之下，他沿着洒满月光的街道走回家。到家门口，他本想掏出钥匙开门，最后却是按门铃。门打开来后，在金黄色的灯光下，站着的是结婚25年的妻子。他把太太紧紧搂住，并且给她一个生

平最热烈的亲吻。

此时此刻，他决定从明天起，在上帝给他的每一个日子里，都要好好地活下去。

人的生命只有一次，死后就不再复活；一个人最多只会活到百岁，可是百年的时间跟天地来比只不过是一刹那。我们人类有幸诞生在这永恒不变的天地间，既不可不了解我们生活中所应享的乐趣，也不可不随时提醒自己不要蹉跎岁月，以致虚度一生无所作为。

读了上面的关于生死的智慧，你会对生命有了新的诠释、新的了解，也许你开始重新审视人生，看待生命，也许你立下了认真地过好每一天的誓言；也许你要重新设计一下人生的大计划，过一个有价值的人生；也许你要提高生命的质量，制定一个长远的保健规划，让自己的生命的长度再长一些；也许你会重新回顾一下所走过的人生之路，感悟一下，反省几次，让自己剩余的人生路程少一些遗憾，走得更顺利一些；也许你要尝试着去完成一个未曾实现的梦想，实现让自己不白活一回的想法；也许……

不同的人有不同的品位，不同的经历有不同的感悟，不同的年龄有不同的看法！不管每个人说的是什么，看的是什么，感的是什么，叹的是什么……总之，要珍惜我们的生命！

 心灵点滴

如果我们知道了人生苦短，那么我们必须趁人生还未逝的时候，尽情地享受它。

4. 且行且珍惜

　　人之于宇宙，不过是一个匆匆的过客而已，有社会学家说人生的终极目的是毫无意义的，人的生物性就是饿了要吃，困了要睡，并且繁衍生息。到生命结束，留下的唯有一堆白骨而已。诗里曾经写道："人生有酒须当醉，一滴何曾到九泉。"虽稍显消极，但也是有一定道理的。所以对生活的态度，贵在有一颗平常心。时时对自己说一声：人之于宇宙，不过是一个匆匆的过客而已，让我们放慢脚步，珍惜眼下的生活吧。

　　有一个好莱坞的歌星，曾经很感慨地说："当我年轻的时候，急急忙忙地爬往山顶，就像参加赛跑的马，带着眼罩拼命往前跑，除了终点的白线之外，什么都看不见。我的祖母看见我这样忙，很担心地说：'孩子，别走得太快，否则你会错过路上的好风景！'我根本不听她的话，心想：一个人，既然知道要怎么走，为什么还要停下来浪费时间呢？我继续往前跑，几年过去了，我有了地位，也有了名誉和财富，以及一个我深爱的家庭。可是，我并不像别人那样快乐，我不明白，我做错了什么？"

　　这位名歌王继续说："有一次，一个歌舞团在城外表演，我是主角，当表演完了，观众的掌声久久不停。这一次的表演很成功，我们

都很高兴。就在这时候，有人递给我一份电报，是我的妻子发来的，因为我们的第四个孩子出生了。突然，我觉得很难过，每一个孩子的出生，我都不在家，我的妻子，独自承担着养育孩子的辛苦。我从来没看过孩子们走第一步的样子，他们天真的哭、笑，我都没听过，只是从他们的母亲那里得到间接的描述。此时，我忽然想起祖母对我说的话……"

现实生活中的很多人也都像文中的这个人一样，总是一味地前行，很少有时间停下来休息或者欣赏周围的景色，对这样的人，我们应该为他感到惋惜。

上帝给了人一个任务，叫人牵着一只蜗牛去散步。蜗牛已经在尽力地爬了，但每次总是只能挪动一点点。人拉它、催它、吓唬它、责备它，甚至踢它，蜗牛仍然不紧不慢地往前爬。

人在极端、懊恼之余，开始向上帝报怨，为什么叫他牵一只蜗牛去散步。"上帝啊，为什么？"人朝着天喊，天空一片安静。人没有办法了，只得任蜗牛慢慢往前爬。

此时，人忽然闻到沁人心脾的花香，听到鸟鸣，看到晶莹的露珠在树叶和草茎上闪烁，人困惑了——路边原来有这样的花园，为什么我以前没有看到？莫非是蜗牛在带着我散步？

在生命的旅程中，每一个人都是过客，与其当一个匆匆而行的过客，为什么不能适时地停下来让自己的身心得到放松呢？如果我们能掌控生活的速度，知道什么时候要放慢脚步，什么时候要加快脚步，什么时候必须驻足，什么时候又该跃起，我们就不会因为一路快跑追赶而忽略了道路两旁美丽的风景和本该细细品尝的生活滋味，也不会因为忘了停下脚步而错过身旁关怀的目光和暖人的爱意。所以，在生活中，走，是为了到达另一个境界；停，是为了欣赏人生。因此，我们不必把每天安排得紧紧的，要懂得适当地留出一点儿空间，来欣赏一下四周的好风景。学着做一做自己的主人，想走的时候就走，想停的时候就停，随心所欲地去发现有趣和值得珍惜的东西，也许这才是你最重要的事，也是你获得平常心的一种好方法。

心灵点滴

每个人的生活都可以适当地放松自己，多留一些私人时间去欣赏、享受生活的乐趣，这样人生就会少许多的遗憾。

5. 我们得到的都一样

在生活中，我们所要做的不是羡慕不能得到的，因为上苍给任何人的幸福都是平均的，既不会太多，也不会太少，我们所要做的是珍惜已经拥有的。在珍惜中感受幸福，品味快乐。

上帝拿出两个苹果，让一名男子挑选。这男子权衡再三，终于下定决心，选了其中认为最满意的一个。上帝含笑赐予，他千恩万谢，接过后转身离去。突然，他却反悔想调换成另一个，回头上帝已不见了，他只得耿耿于怀地过了一生。于是，上帝叹道："人啊，总是期

待那些未到手的，而不好好珍惜手中所有的，这怎么可能获得幸福呢？"

的确，上帝给谁的都不会太多，而我们所要做的就是学会珍惜。在人生的道路上，挫折、苦难、甚至绝境，都是避免不了的，最重要的是我们要学会珍惜，一旦你学会了珍惜，有了这种积极乐观的心态，你就会发现，生活从此变得轻松起来。

某国家有一位著名的女高音歌唱家，仅仅三十多岁就已经红得发紫，誉满全球，而且还有如意郎君，家庭美满。

一次，她到一个国家来开独唱音乐会，入场券早在一年以前就被抢购一空，当晚的演出也受到极为热列的欢迎。演出结束之后，歌唱家和丈夫、儿子从剧场里走出来的时候，一下子被早已等在那里的观众团团围住。人们七嘴八舌地与歌唱家攀谈着，其中不乏赞美和美慕之词。

有的人恭维歌唱家大学刚刚毕业就开始走红，进了国家级的歌剧院，成为扮演主要角色的演员；有的人恭维歌唱家有个腰缠万贯的某大公司老板做丈夫，而膝下又有个活泼可爱、脸上总带微笑的小男孩。

人们在说话的时候，歌唱家一直在倾听着，并没有表示什么。等人们把话说完以后，她才缓缓地说："我首先要谢谢大家对我和我家人的赞美，我希望在这些方面能够和你们共享快乐。但是，你们看到的只是一个方面，还有另外的一个方面没有看到。那就是你们夸奖活泼可爱、脸上总带着微笑的这个小男孩，很不幸，他是一个不会说话的哑巴，而且，在我的家里他还有一个姐姐，是需要长年关在装有铁窗房间里的精神分裂症患者。"

歌唱家的一席话使人们震惊得说不出话来，你看看我，我看看你，似乎很难接受这样的事实。

这时，歌唱家又心平气和地对人们说："这一切说明什么呢？恐怕只能说明一个道理：那就是上帝给谁的都不会太多。"

珍惜自己的亲人，能够使他们体会到，在这个世界上，还有另外一个人与他们心心相连；珍惜自己的朋友，能够使他们体会出世界上除了亲情，还有同样温暖的友情。所以，无论你从事什么工作，在什么地方，也不论你目前陷入了多么严重的困境，甚至你的人生遭遇了前所未有的打击，你都要在这些负面事情中，找到需要你珍惜的东西。要知道没有什么比珍惜更能打动人心，没有什么比珍惜更能震撼人，没有什么比珍惜更能激励人。最后，请记住一点：上帝给谁的都不会太多，学会珍惜才是智者的行为。

心灵点滴

如果你学会了珍惜，那么你就会发现，你的生活很美好。

6. 珍惜孕育着幸福

有这么一句话："你不是最好的，但我只爱你。"仔细地去回味，你会发现这句话中包含着极大的哲理。不去追求那些遥不可及的东西，只珍惜身边已经拥有的，我想这应该就是最大的幸福了！幸福是一种很奇妙的感觉，你或许很感动、很幸福，但是别人却不以为然，因为那是你的幸福，而不是别人的幸福，所以别人无法理解。拥有的同时还要懂得去珍惜，不然幸福会毫不留情地离你而去！不要因为不懂得去珍惜而抱憾终身。

她站在台上，不时地挥舞着她的双手；她仰着头，脖子伸得好长好长；她张着嘴，眼睛眯成一条线，认真地看着台下的学生。偶尔她口中也会咿咿呀呀的，不知在说些什么，她基本上是一个不会说话的人。但是，她的听力很好，只要你猜中，或说出她的意见，她就会乐得大叫一声，伸出右手，用两个指头指着你或者拍着手，歪歪斜斜地向你走来，送给你一张用她的画制作的明信片。

这个女孩是一个自小就患有脑瘫的病人。脑瘫夺去了她肢体的平衡感，也夺走了她发声讲话的能力。她从小就因肢体不便而生活在众多人异样的眼光中，她的成长充满了辛酸。然而，她没有被这些外在的痛苦所击败，她坦然地面对困难，终于获得了美国加州大学的艺术博士学位。她用她的手当画笔，以色彩告诉人们"寰宇之力与美"，并且"活出生命的灿烂色彩"。

有一名记者采访了她，并问："请问，你从小就长成这个样子，请问你怎么看你自己？你都没有怨恨吗？"他的话音刚落，女孩用粉笔在黑板上重重地写了起来：

一、我好可爱！

二、我的腿很长、很美！

三、爸爸妈妈这么爱我！

四、上帝这么爱我！

五、我会画画！我会写稿！

六、我有只可爱的猫！

七、还有……

最后她又写下了她的人生快乐法则："我只看我所有的，不看我所没有的。"

人的一辈子当中，有很多幸福可能就在你我的身边，只是看你我懂不懂得去珍惜。珍惜了，我们会幸福一生；错过了，也许再也找不回来。所以，要想得到幸福，首先要懂得去珍惜，只有懂得珍惜，你才会是世界上最幸福的人。

珍惜身边所有的人，珍惜爱你的人，珍惜你身边一直陪伴你的人，珍惜每一份缘。只有用心去体会，人生才会有更多的收获，才不会有许多的遗憾。有很多人一辈子都在追求所谓的幸福，却是竹篮子打水一场空，因为他们从来没有停下来想一想什么才是真正的幸福。真正

幸福的人，不一定拥有很多财富，只要懂得去珍惜，那他就是一个幸福的人，这种幸福是无法用金钱来衡量的。

心灵点滴

现在数一数自己所拥有的，计算计算自己所得到的，我们就能收获许多快乐。

7. 发现身边的幸福

茫茫人海，芸芸众生，我们在努力寻找幸福的答案。其实，幸福是一个多元化的命题，我们在追求着幸福，幸福也时刻地伴随着我们。只不过，很多时候，我们身处幸福之中，在远近高低的角度看到的总是别人的幸福风景，往往没有认真感受自己所拥有的幸福天地。

从前有个国王，整日郁郁寡欢。于是他派大臣四处寻找一个快乐的人，并把快乐的人带回王宫。大臣四处寻找了好几年，终于有一天，当他走进一个贫穷的村落时，听到一个人在快乐地放声歌唱。循着歌声，他找到了那个正在田间犁地的农夫。

大臣问农夫："你快乐吗？"

"我没有一天不快乐！"农夫回答。

大臣喜出望外，把自己的使命和意图告诉了农夫。

农夫不禁大笑起来，说："我曾因没有鞋子而沮丧，直到有一天，我在街上遇到一个没脚的人，才发觉自己是多么幸福，我至少还有脚。"

从这个故事中，我们可以发现，幸福本没有绝对的定义，平常的一些小事往往能触动你的心灵。所以，幸福与否，更重要的因素是看你以何种心态来对待。如果在生命的过程中，你懂得珍惜已经拥有的一切，那么你就会幸福；如果你发现比你的境遇还要窘迫的人，那么你就会珍惜今日，而你就会幸福；如果你能够帮助他人，而此刻你的内心感到欢愉，那么你就会发现幸福……幸福到底是什么？其实幸福就是发现你身边的"财富"，在生命的终结时不后悔。

有一位知名的印度哲学家，他气质高雅，因此成为很多女人崇拜的偶像。某天，一个女子来拜访他，对他表达了爱慕之情后说："错过我，你将再也找不到比我更爱你的女人了！"

哲学家虽然也很中意她，但仍习惯性地回答说："容我再考虑考虑！"

事后，哲学家用他一贯研究学问的精神，将结婚和不结婚的好处与坏处，分条罗列下来，结果发现好坏均等。究竟该如何抉择？他因此陷入了长期的苦恼之中。最后，他终于得出一个结论——人若在面临抉择无法取舍的时候，应该选择自己尚未经历过的那一个。不结婚的状况他是清楚的，但结婚后会是个怎样的情况，他还不知道。对！应该答应那个女人的请求。

哲学家来到女人的家中，问她的父亲："你的女儿呢？请你告诉她，我考虑清楚了，我决定娶她为妻！"女人的父亲冷冷地回答："你

享受
不再纠结的
人生

来晚了，我女儿现在已经是孩子的妈了！"

哲学家听了，整个人几乎崩溃了！他万万没有想到，他向来引以为傲的精明头脑，最后换来的竟然是一场悔恨。此后，哲学家抑郁成疾。临死前，他将自己所有的著作丢入火堆，只留下了一段对人生的批注：如果将人生一分为二，前半段的人生哲学是"不犹豫"，后半段的人生哲学是"不后悔"。

所以说，真正的财富并不是拥有大量的财富和无限的权力。为了拥有大量财富和无限的权力，人们拼命奋斗，永无止境，来不及享受所拥有的一切，也看不见已经拥有的一切。真正的财富是我们眼下所拥有的东西，人们常说知足常乐，知足的前提绝不是尚未得到的，而是眼下拥有的。

 ## 心灵点滴

珍惜自己所拥有的，别过分贪心妄想，你就会发现生活其实很美好。或许，你会在生活中第一次感受到什么叫真正的幸福与满足。

8. 珍惜你身边的爱

在现实生活中，的确存在这种现象：对于自己所拥有的不加珍惜，却总想着去尝试另一种生活；而当拥有的时候，又觉得曾经拥有的最好。于是心灵总是在患得患失上摆动，这样就会不断地损耗心灵的能量。

他与她青梅竹马。

4 岁，他开始喜欢她。

9 岁，在学校读书，她受了委屈会去找他，他替她撑了腰，从此，再没有同学敢欺负她了。

18 岁，他们相约考入同一所大学，每天一起上课、一起去学校食堂吃午饭。她有不开心的事了，依然会去找他，把他当成自己的大哥一样。

19 岁，他对她说："做我的女朋友吧。"她点点头答应了，感觉很幸福。

21 岁，他们分手了。她流着泪问他："你真的爱上了别的女孩子了吗？"他点点头，有点无奈。她又问："她很漂亮吗？"他淡淡地回答："你能肯定我们就是最合适的吗？我不想把这么美好的青春只给一个人，你难道不想再试试除我之外的其他男人吗？"

毕业之后，他们一直没有任何联系。

25 岁，她成了当红的女主播，他也在一家电视台做幕后翻译。这些年，他恋爱一场又一场，每次结束一段感情，都会想起她。

26 岁，她结婚，只是觉得疲倦，好想找个肩膀靠一靠。她主播的节目，他会小心地避开，他怕看见电视里的她。她事业很好，却是个生活一团糟的女子，家务也不会做，家里雇了佣人，因此，她的丈夫时时处处对她不满。

有一晚，他们吵了嘴，她走出了家门，独自一人在街上转了一晚，不知为什么，想起他，眼泪忽然落了下来。

29 岁，她离婚。

31 岁那年，他辗转找到她的电话号码，犹豫很久才打过去，这已是他们分手的第 10 个年头。10 年，可以改变一个人很多，对事情的看法也完全不一样了。

31 岁那年，她与他在酒店的大厅见面，往事历历在目，经过这些年的波折，他们都知道了生命中值得珍惜的情感并不多。两个人用了 10 年的青春，绕了很大一圈又回到了起点。

32 岁，他们结婚了。

婚后很幸福。她因为经历过一次失败的婚姻，已懂得如何心疼一个男人；他对失而复得的这份爱情，更加珍惜。如果不是这 10 年的经历，他们大概不会懂得这份婚姻对彼此的重要。

请珍惜你身边的爱吧！常言道：这山望着那山高，到了那山更糟糕。在我们的感情生活中，你认为最好的也未必适合你。茫茫人海中，如果能找到一个和自己相守一生的人是多么不容易，所以，如果我们找到了这个有缘分的另一半，就应当学会感恩，学会珍惜，哪怕对方不如你心目中想象的那般美好，哪怕对方没有你想象中那般顺意，也希望你学会感恩，多一些珍惜，少一些斥责。

所以，对于相爱的人来说，大家需要做的不是挑剔彼此的缺点，而是将珍惜融入彼此的生活中。在发生争执的时候，要学会宽容对方；在愤怒的时候，要学会让自己保持一份镇定；在快乐的时候，要找到对方一起分享。有句话说："于千万人之中，遇到你所遇到的人，没早一步、也没晚一步，这就是缘分。"的确，在一个人的生命里程中，与你相遇又匆匆而过的人有很多，但与你携手共同走过一生的人又是哪一个呢？

是啊，生活中要做一个有智慧的人实在是太难了，而做一个愚蠢的人那是轻而易举的，只要拒绝思考就可以了。生活中聪明的人与愚蠢的人最大的区别就在于：聪明的人懂得珍惜自己所拥有的，不会在失去之后才去后悔；而愚蠢的人是不懂得自己所拥有的，总是在失去之后才感觉到自己拥有的时刻要珍惜，于是就后悔了。

愚蠢离我们很近，我愚蠢、我快乐，那是无聊的人生，越愚蠢越快乐那是堕落的人生。然而，最可怕的是当我们愚蠢的时候我们不知道自己的愚蠢，反而觉得是聪明的，那就是可怕与悲剧的人生了。

所以，珍惜自己拥有的，也就守住了自己的幸福、守住了自己的心灵的安静，这将换来一生的幸福！

心灵点滴

前世的五百次回眸，才换来了今生的擦肩而过。我们需要珍惜身边的爱。

9. 重视健康， 珍惜生命

现代社会经济的发展使人们拥有了更加优越的生存环境和丰厚的经济收入，但物质生活水平的提高并不能绝对保证人们拥有健康。事实说明，人们在充分享受物质文明的成果之时却忽视了健康，现代富贵病也越来越多了。现代人为追求生活品质和财富花费了太多的时间和精力，许多人在功名利禄的巨大诱惑下失去了心灵平衡，在储蓄财富的同时不断地透支着生命。因此，由于对健康的无知而毁了自己一生的事例，实在是太多了。

29 岁的王先生是一家公司的部门经理，他多年养成的生活习惯是：每天早晨睡到 8 点才起床，从来不吃早餐，简单地擦把脸就坐车去上班。在公司里面对着电脑和文件，一坐就是一整天，中午也只是吃盒饭或方便面。但是，晚餐很丰盛，基本上是天天应酬客户或是同朋友一起去泡吧，直到深夜精疲力竭时才回家休息。他觉得自己年轻力壮，能吃能喝能干活，身体特别棒，从来不会把自己与疾病联系在一起。有一天晚上，他照例应酬客户，在喝了不少酒之后，突然大汗淋漓，胸口憋闷，手脚冰凉，被同事送到医院急救，经诊断是心肌梗死。

对人们来说，没有什么比生命更珍贵的了。大家都希望生活美好，没有人愿意看到自己变老的信号或者任何衰老的迹象。人们都尽可能地保持年轻、快乐和健康，然而相当多的人没有注意如何保持自己的青春和活力。他们破坏健康的规则和长寿的规则，把生命浪费在愚蠢、不合自然规律的生活和一些陋习中，同时他们还不明白为什么他们的能量在消逝，滥用能量和浪费精力必定会受到应有的惩罚。如果我们把花在挣钱、积累财富上的努力花在保持我们的青春活力上，我们可以活上一个世纪。

另一位何先生，是被人们称之为工作狂的那一类人，32岁已经当上了一家大型企业的董事长。他把全部精力都用在事业上，就像一个机器人，每天7点30分准时进办公室，很晚才下班回家，从来也不休假。他的口头禅是：市场没有等待的时候，所以工作也没有停止的时候。他生活中没有娱乐，唯一的爱好是上网。当他忙碌一天回到寓所，要做的唯一一件事就是上网浏览。终于有一天深夜，他在网上漫游时倒在了寓所的电脑前。后经法医鉴定，他的死因是慢性疲劳综合症引发的猝死。

一个人就像一个闹钟，如果得到正确的保养，它将走得很准，而且能用一个世纪；但是如果不注意保护、随便滥用的话，它将很快就失去了正常的秩序，越来越疲劳，寿命也将大大地被缩短。

心灵点滴

健康是个人成功的基石，健康是一切事业最重要的财富，是社会进步的保障。

10. 轻松地过一生

　　轻松是人类的一种崇高无上的理念、一种觉悟的境界；是一种宽容、安详的心态，一种精神上瞬间的愉悦。人类要抓住命运的手，充分享受每个精彩的瞬间，才能够活得无忧无愁，没有烦恼，心无挂碍。此时，你就会感悟到世间最美的表情就是轻松！

　　轻轻松松是扎根的石头，是结块的金子。这些石头和金子坐也好，站也罢，时光之水都带不走它们，在它们面前，时光之流只能绕道而行。当走过了山山水水时，摸摸我们心灵的口袋，许多曾经的浮华和荣耀都被时间之手掏走了，在我们心中伫立的大多是这些石头和金子了。

　　放松有助于减轻快节奏生活造成的压力，带给你安详平和的心境。如果你发现自己总是被家人、朋友围绕着，耳边充斥着各种让人烦恼的噪音，整日忍受着繁忙的工作、家庭琐事的无穷折磨，每天的神经都绷得紧紧的，得不到一丝喘息的机会，那你就真该好好计划一下，找点时间让自己彻底放松一下。

　　有一个年轻人背着一个大包裹，千里迢迢跑来找灵智大师，他说："大师，我是这样孤独、痛苦和寂寞，长期的跋涉使我疲倦到了极点；我的鞋子破了，荆棘割破了双脚；手也受伤了，血流不止；嗓子因为长久地呼喊而嘶哑，为什么我还不能找到心中的阳光？"

大师问："你的大包裹里装的是什么？"年轻人说："它对我非常重要，里面是我每一次跌倒时的痛苦，每一次受伤后的哭泣，每一次孤寂时的烦恼……靠了它，我才有勇气走到您这里来。"

于是，灵智大师带着年轻人来到河边，他们坐船过了河。上岸后，大师说："你扛着船赶路吧。"

年轻人很惊讶，说："它那么沉，我扛得动吗？"

"是的，孩子，你扛不动它。"大师微微一笑，说："过河时，船是有用的。但过了河，我们就要放下船赶路。否则，它会变成我们的包袱。痛苦、孤独、寂寞、灾难、眼泪，这些对人生是有用的，它使生命得到升华，但须臾不忘，就成了人生的包袱。放下它吧！孩子，生命不能太负重。"

年轻人放下包袱继续赶路，他发觉自己的步子轻松而愉悦，走起路来比以前快得多。

生活是痛苦的，但我们不能痛苦地活着，因为活着本身就是幸福。可是在人生的道路上，人们很少会想到自己拥有一些什么，但是，却常常想起比别人少了些什么。于是，他们奔波着、忙碌着，总想着要比别人强、要比别人好，结果身上的包袱越背越多，导致自己不堪重负。

抛开一切事情，让自己的心灵得到放松，把自己从混乱无章的感觉中解救出来，那么你的生活将会得到很大的改善，你的心灵也就得到了彻底的净化。

轻松是精神的阳光，没有阳光，万物都不可能生长。你在生活中，

同样也需要轻松，在轻松中观察五彩缤纷的真实生活。一个能够在逆境中保持轻松心境的人，要比面临困苦就崩溃的人伟大得多。

我们不妨辩证地来思索一下这样的一个问题：人类给自己创造出一个世界，原本是要给自己幸福和快乐，而结果却被这个世界所挟持，以致忘掉人生本来的目的，这该是人类的悲哀。但人类终究是向往自然的，一颗自然的心总是有逃离世界、回归轻松的欲望，这是人在本质上真正的需要。所以，给自己一点儿时间放松一下心灵，这才是人类自身对自己的最大慈悲。

 ## 心灵点滴

轻松，指的并不是简单意义上的没有任何压力，而是要能够掌握好轻松的尺度，在轻松的氛围里重新认识自己是怎样一个人。

第五章

淡定，别样人生不纠结

人生在世，要活得明白、活得痛快，就要保持淡定：受到冷落时要保持淡定，遭到嘲讽时要保持淡定，受了委屈时要保持淡定，遇到不平时要保持淡定，有了疾病时要保持淡定，丢了钱财时要保持淡定，碰到挫折时要保持淡定，有了灾祸时要保持淡定……保持淡定，是一种风采、是一种胸怀；保持淡定，是一种气派、是一种境界；保持淡定，是生活技巧、是为人的哲学、是处世的艺术。

1. 简单中孕育着快乐

如今，人们感觉生活的压力越来越大，人们的脸上多了一份担忧少了一丝豁然、多了一份抱怨少了一丝理解、多了一份倦容少了一丝快乐。那么这是因为城市发展给我们带来的压力，还是工作上给我们带来的不快呢？其实都不是，是我们自己把快乐封存起来了而已！

其实，快乐就在眼前。它就是你赞美同事时的一句话，它就是你投进一个球时那种胜利的喊叫，它就是你写了稿子时一气呵成的骄傲……也许我们正在千辛万苦地正找寻着那一份快乐，但也许快乐就在我们的身边。

一位心理咨询师每天面对着各式各样的病人，他肯定会有很多很多不快乐的理由，但是他却天天保持着招牌式的微笑，让同事们大为费解。他说，现代人之所以缺少微笑、之所以不快乐，其实就是你们把事情搞得太复杂了。为什么傻子那么快乐呢？就是因为他的想法很简单，所以他很快乐。当然，我们不是要让人人都去做傻子，只是希望大家能把事情尽量地简化，这样我们就会快乐！

丽在上大学时，曾在省报发表了一则小文，得到 100 元稿费。很多同学要丽请客，丽很为难：这么多同学，但只有 100 元，买什么好呢？班上的团支书说："这容易，你把钱给我吧。"当天下午，他在黑板上写出通知：本班某某为庆祝处女作发表，定于本周周末，请全班同学在教室看电影，并招待奶糖一袋。

全班同学都很高兴，没有因为只是一部电影、一袋奶糖而嫌弃。后来团支书找丽结账："租一部电影碟花2元，奶糖每袋2元，全班45人，共开支92元，还剩8元钱，给你。"

那次请客，同学们都很高兴。许多年以后，当丽和老同学回忆起他们那个快乐的周末时，丽自己也高兴了很久。后来丽工作之后也曾多次请客，请吃请喝，花费也不小，但从没有那样快乐过。为什么呢，因为那次请客是乐在简单。

这个世界其实很简单，只是人心太复杂。要活出简单来不容易，越简单就越快乐。

思想简单才不会被办公室复杂的人际关系、所累，才不会瞻前顾后、畏首畏尾。少了忧心的杂念和私欲，也就没有了桩桩顾虑和种种考虑，没有了尔虞我诈和钩心斗角。人简单，事情也就不再复杂。简单做人，才能潜心做事，简单就是快乐。

 心灵点滴

一个人快乐与否，要看他用什么样的心态去看待快乐、如何去寻找快乐、如何去操作和经营快乐。

2. 淡然于世事

古人说："淡泊以明志，宁静以致远。"也就是说人生在世只有将名利看得淡一些，才能找到自我，才能活得更轻松、快乐。

陶渊明的诗"采菊东篱下，悠然见南山"是一种对淡泊的最好诠释；弘一法师的"咸有咸的味，淡有淡的味"更是一种对淡泊心境的最好写照。然而淡泊的心境并非人人都能拥有，倘若一个人能从生活中品尝出淡的滋味，以这个味道垫底，那么这个人就找到了生活的大智慧。

古代的王国中，老国王刚刚去世，新国王年纪轻轻开始理政，这导致了一些外族的不服，因此，在边境经常出现被滋扰的情况，一时间边境安全问题十分危急。为了平定异族侵扰，让边境人民重新过上安宁的生活，国王召开群臣会议，决定以武力的方式解决边境问题，进而安定边疆。国王的想法得到了群臣的支持，于是国王马上颁布诏书：国家现在面临边境被侵扰问题，边境人民生活苦不堪言，为了讨伐异族侵略者、回归边境人民的安定生活，国家特此颁发诏书网罗人才，如有自告奋勇、为国效力者，一经平定叛乱皆有重赏。诏书刚刚颁布不久，很快就有三个年轻人应召而来。国王听到有人应召而来，十分高兴，于是在大堂接见了这三个人。

这三个人一个个子很高，一个个子很矮，还有一个个子适中。国王看了看这三个人，说："你们前来应召，一定是身怀绝技之人，我想看看你们都有什么绝技？"

高个子的人说："殿下，我的本领是善骑术。"

矮个子的人说："禀告殿下，我的本领是善射术。"

个子适中的人说："殿下，我的本领是善谋略。"

国王听了这三个人的回答，然后针对边疆的问题，问他们有什么好的策略，这三个人一一说出了自己的想法，最后他们三个人得到了国王的肯定。然后国王择日让他们三个带领大军开赴边疆。

这三个人果然不负众望他们带兵出征后不久，边疆就频频传来喜讯，三个人在边疆屡建奇功。一个月后，异族侵略全部被平息，三个人凯旋而归。国王履行自己的诺言，对这三个人论功行赏。

国王问这三个人："你们攻克了异族的侵略，如今得胜回朝，我当初说过会给予你们重赏，现在你们想要什么，尽管说吧！"

高个子说："我要做大将军，为陛下镇守边关！"

中等个子的说："我要做尚书，替陛下分担国事！"

而矮个子的却说："我一不当官，二不领兵，三不要钱。我只希望陛下能赐我一群牛羊和一块牧场！"

对于矮个子的要求，国王听后很是惊讶，但国王没有说什么，只是对这三个人的要求一一给予满足。

几年很快就过去了。矮个子放着牛羊，牛羊个个肥壮，在牧场上悠闲地吹着笛子，悠扬的笛声传了很远很远，他生活得很宁静、很满足。而在宫廷做官的高个子和中等个子的人却相反，他们经常遭到其他大臣的嫉妒，有很多人上奏国王说他们势力强大，有谋反之心，渐

第五章

淡定，别样人生不纠结

135

渐的，国王对他们也产生了猜忌，最后他俩都被陷害入狱了。

人生的很多东西都是绑在我们身上的绳子，很多人明知被这种绳子束缚着很难受，但却不肯自己松开，到头来被绳子越束越紧，就像文中的高个子和中等个子的人，他们就是被名利的绳子束缚住了，忘记了绳子会给自己带来痛苦；而矮个子的人却看透了这些，懂得自己解开绳子，将其他一切功名利禄都置之度外，追寻自己想要的怡然自得的生活。与那两个人相比，他更称得上是一个明智的人。

淡泊是一种崇高的心态和境界，是高层次的人生追求。一个淡泊的人，不会随波逐流、追逐名利，不会对身外之物大喜大悲，更不会对他人攀比嫉妒、牢骚满腹。淡泊的心态使人始终处于平和的状态，保持一颗平常心，一切有损身心健康的因素都将离他们远去。淡泊不仅给予了我们一双潇洒和洞穿世事的眼睛，同时也会让我们拥有一个坦然充实的人生。

 心灵点滴

淡然是人生的一种品位，需要精细地铸炼；淡然是人生的一种境界，需要潜心地滋养。

3. 以平常心悦纳生活的精彩

人们只有适应生存环境，才能以良好的心境去对待现实生活。一个人若能达到忘名、忘利、忘我的境界，就会心清神静、气定神闲、乐观豁达、积极向上。有了这样一个健康的心态就会活得快乐，就会激发活力。

一个人只有有了平常心，才可以静下心来修身养性，才能滋养身心。

从古至今，有多少人为了争名夺利而互相倾轧，或许能逞快意于一时，可是转瞬之间皆成粪土。是非成败转头空，不变的只有广袤的宇宙。我们每个人都应该时时对自己说一声：人之于宇宙，不过是一个过客而已。这样或许能让我们心灵的湖水清澈而平静。

有一个人曾经问慧海禅师："禅师，你可有什么与众不同的地方呀？"

慧海禅师答道："有！"

"那是什么？"这个人问道。慧海禅师回答："我感觉饿的时候就吃饭，感觉疲倦的时候就睡觉。"

"这算什么与众不同的地方，每个人都是这样的呀，有什么区别呢？"这个人不屑地说。

慧海禅师答道："当然是不一样了！"

"这有什么不一样的？"那人问道。

慧海禅师说："他们吃饭的时候总是想着别的事情，不专心吃饭；他们睡觉的时候也总是做梦，睡不安稳。而我吃饭就是吃饭，什么也不想；我睡觉的时候从来不做梦，所以睡得安稳。这就是我与众不同的地方。"

慧海禅师继续说道："世人很难做到一心一用，他们总是在利害得失中穿梭，困于宠辱得失之中，产生了'种种思量'和'千般妄想'。他们在生命的表层停滞不前，这成为他们最大的障碍，他们因此而迷失了自己、丧失了'平常心'。要知道，生命的意义并不是这些，只有将心融入世界，用平常心去感受生命，才能找到生命的真谛。"

然而，生活中的很多人却看不开、想不明白，时刻把金钱看成是人生最重要的事，拼命地赚钱，拼命地工作，该吃饭的时候不吃饭，该睡觉的时候不睡觉。试想，金钱对我们真的那么重要吗？为了拥有一幢豪华别墅、一辆漂亮小汽车而加班加点地拼命工作，每天晚上半夜三更才拖着满身的疲惫回到家里；为了涨一级工资，不得不默默忍受上司苛刻的指责，日复一日地赔尽笑脸；为了签下一份又一份的合同，年复一年地戴上面具，强颜欢笑，以致于最后回到家里的是一个孤独苍白的自己。长此以往，你终将不胜负荷，最后悲怆地倒在医院病床上。这时候，我们真该问问自己：钱财真的那么重要吗？有些人的钱只有两样用途：壮年时用来买饭吃，暮年时用来买药吃。

所以，有钱又有闲才是幸运，但是世人很难做到两全其美，如若不然，退而求其次，做个有闲的穷人也不错。金钱终究是身外之物，闲适却能使人感到自己是生命的主人。所以，想得到快乐，想开心的时候，我们不妨也来一点儿休闲的念头，不妨每天花点儿时间与家人一起去看场电影、去郊游一次、去散散步……让生活变得丰富多彩、富有情趣；让心灵变得轻松惬意、舒畅自由，那么你的生命也会变得活力无限。

孔子有云："饭疏食、饮水，曲肱而枕之，乐亦在其中矣。不义而富且贵，于我如浮云；合乎道，做执鞭之士，我亦为之。"所以，无论你是高居庙堂之上还是平处江湖之远，都请保持一颗平常心。不为世俗的诱惑所左右，过自己想过的生活，做自己想做的事情，让生活充实，让自己拥有乐趣与幸福。

"世上无难事，只要好心情"。这是一位心理学家说过的，而在这里我想说"世上无难事，只要平常心"。无论遇到怎样的事情，只要你时刻用这句话提醒自己，那么你就能保持一颗平常心。保持一颗平常心，你才会发现快乐幸福的源泉。

心灵点滴

任凭外界风卷云舒，世事变迁，内心总是保持一派处事不惊、安享宁静的意境。

4. 平淡是一种人生境界

平淡是一种生活的智慧；平淡是一门心灵的学问。放下所谓的烦心事，拨开眼前的云雾，卸去心灵的枷锁，从平平淡淡的生活中体会轻松自如、畅快淋漓的感动，这样才能活得潇洒自在。

有一个财主拥有很多的钱、土地，有漂亮的妻子和讨人喜爱的儿女，他在世上享尽了荣华富贵。

当他70岁时患了重病，大夫对其子女说："替他预备后事吧！因为他已无药可治了。"

于是他的家人就替他准备寿衣、棺材……奄奄一息的财主叫仆人把他的寿衣拿来看看。当他看见寿衣竟然没有口袋时，就上气不接下气地说：

"你们弄错了，为什么寿衣没有口袋？"

仆人纳闷地说："寿衣本来就没有口袋的。"

财主生气地说："不行，帮我重做，我一定要穿有口袋的寿衣，否则我的财宝怎么带走……"由于他过度激动，一口气没上来，就停止了呼吸。

人生在世不过百年，生前再高的功名，再多的财富，到最后都会化为乌有，或者替他人做嫁衣，所以，功名利禄都是过眼云烟，唯有拥有一颗淡泊之心才会让我们在离开人世的那一刹那了无牵挂，会让我们心灵像湖水般清澈而平静，会让我们生活得更简单、更幸福。

平凡的人生才是幸福的人生，静静地生活，静静地享受，用不着去承受大起大落，也用不着去承受大富大贵。只可惜世人都不珍惜自己拥有的平凡生活，为名利终日忙碌、四处奔波，等真正明白什么是幸福时，已为时晚矣。世人不辞辛苦地为了更高的职务、更多的利益绞尽脑汁寻找达到目标的手段和妙方，殊不知，就在这不知不觉中玷污了自己纯洁的心灵，即使是捞到了丁点儿名利上的好处，却已身心疲惫，且不受人喜爱，这才是真正的悲剧。

因此，平淡是红尘的淡化剂，应该心如止水，沉稳恬静，不拘泥于人言是非，不沉迷于利禄功名，脱离尘世喧嚣之境，视悲欢荣辱如过眼烟云，不为权势所羁绊，不为物欲所拖累，以一颗平常心直面人生，以出世的精神做入世的事业，追求人格的独立和灵魂的自由。

当然，平淡不是没有欲望。属于我的，自然要取；不属于我的，即使是千金、万金也不为其动。这就是平淡。安于平淡的生活，并能以平淡的态度对待生活中的繁华和诱惑，让自己的灵魂安然自处，这样的人，于自己，就像云彩一样飘逸；于他人，就像湖泊一样宁静。

平淡的生活虽然无奇，却最值得我们玩味；只有用心去感受生活的点点滴滴，你才能找到生活的快乐。其实，平淡无奇的深处也蛰伏着惊人的美丽。那披着灿烂云霞的黎明，那熙熙攘攘的人流，菜场随时可以听到的吆喝，那厨房里锅碗瓢盆的交响，那如羽毛般洁白的流云，那如流云般灿烂的花朵，那如花朵般迷人的笑脸，无一不让人怦然心动。平淡之所以值得珍惜，既是因为它存在于现实之中，每个人都毫不例外地拥有，也因为它深潜着哲理，并非每个人都能开掘，而

且一旦失去，你就能发现它惊人的价值和增值的能力。

所以，人生在世只要有一份坦然的心，功名利禄就如过眼烟云。人的一生当追求什么呢？健康是福，平安是金。然而，追求平淡并不意味着无所作为，而是顺其自然。人生的得失只在弹指一挥间，人与人的恩怨一笑尽挥去，得志而不骄奢，失意而不气馁，明媚的春天在我们手里，金色的沙滩在我们脚下，蔚蓝的天空在我们头上，寥阔的海洋在我们心中，让我们的心境离尘嚣远一点、离自然近一点，让我们以"不以物喜，不以己悲"的平平淡淡的心境闲看云舒云卷、花开花落。

 心灵点滴

气度从容不迫，可以认识心性的本原之所在。意念、情趣谦和愉悦，可以得到心性的真正体味。

5. 淡泊能净化心灵

现代社会快节奏的生活和工作不仅给我们带来了物欲满足，也同样带来了烦恼。也许我们的心灵被城市的尘埃蒙蔽了，也许我们的灵魂被尘世的争斗桎梏了，也许我们的心灵被暂时的困境包围了，以致于我们心情失落。让心灵在喧闹后有一个平静的乐园，让心灵受伤后得到美好的抚慰，让心灵受困后有一个休整的地方，这才是心灵最终的追求，而这就需要我们拥有一颗淡泊的心灵。

在很久以前，有一位老和尚，每天天还没亮就开始扫地，从寺院内扫到寺外，从大街扫到城外，一直扫出离城十几里。天天如此，月月如此，年年如此。

这个小城里的人，在很小就看见这个老和尚在扫地。老和尚虽然已经很老了，就像一株古老的松树，不见其抽枝发芽，可也不再见其衰老。

一天，这位老和尚坐在蒲团上安然圆寂了，这个小城里的人谁也不知道他究竟活了多少岁。过了若干年，一位长者走过城外的一座小桥，见桥石上镌着字，字迹大都磨损，老者仔细辨认，才知道石上镌着的正是那位老和尚的传记。

人们据此进行推算，才发现他活到了137岁。据说军阀孙传芳的部队中有一位将军在这座小城扎营时，突然起意要放下屠刀，恳求老和尚收他为佛门弟子。这位将军丢下他的兵丁，拿着扫把，跟在老和尚的身后扫地。老和尚心中自是了然，向他唱了一首偈：

> 扫地扫地扫心地，
>
> 心地不扫空扫地。
>
> 人人都把心地扫，
>
> 世上无处不净地。

把自己摆到宇宙之中，不过是一粒尘埃，又有什么值得斤斤计较呢？有社会学家说，人生的终极目的是毫无意义的，人的生物性就是饿了要吃困了要睡，并且繁衍生息，到生命结束，留下的唯有一堆白

第五章
淡定，别样人生不纠结

骨而已。因此，对待生活，我们都应保持一颗淡泊的心。

人的一生之中，总会有这样那样的不如意，总会有这样那样的缺憾。但是即使事事如意又能怎样？也许是极度的无聊。况且永远不会事事如意，贪婪的本性支配着人永远追求他们没有得到的东西，而对于已经到手的却不屑一顾了。因为这个原因，很多人好像永远都在追求，其实换一个角度看看，你会惊奇地发现，你的追求目标不过是海市蜃楼而已。

如果我们大家能够具有一颗淡然的心，就能够发现天地其实是那么广阔和美好，就连路边的野草也在向你微笑。所以说，一个人只有有了淡泊之心才能够不计较个人得失。

 心灵点滴

淡泊可以说是我们人类最为高贵的一件外衣，它能够净化我们每一个人的心灵。

6. 享受生活， 让心灵得到释放

生活节奏使得人们像拉紧的弹簧一般无法松弛下来，即使在疲惫不堪的情况下，也无法停下脚步放松一下自己，身不由己地被涌动的人流推着走。然而，回想一下，人们的这种匆忙无非是为了追求到更多的金钱、名誉、更高的地位……得到这些后，便会感到一种成就感，感到快乐。但是，事情往往与人们的想法相背离，人们在追求的过程中，在那如陀螺般的高速旋转中失去了生活中最珍贵的东西——享受。

所谓的享受生活，就是不被功名利禄所牵绊，对人生路上的沉浮要看得开、拿得起、放得下。不要在鲜花与掌声之中而飘飘欲仙；不要在失败与磨难中而心灰意冷；不要在顺境中目空一切；不要在逆境中停滞不前。而要在"繁华过尽皆成梦，平淡人生才是真"中去品味人生的真正含义；要能够在"酸甜苦辣皆有味，兴衰荣枯皆自然"当中去享受生活的真滋味！

一个樵夫上山去砍柴，看见一个人正躺在树下乘凉。樵夫见状忍不住问那人："你怎么躺在这儿，为什么不去砍柴呢？"

那人不解地问："为什么非要砍柴呢？"

樵夫说："砍来的柴可以卖钱呀！"

那人又问："卖了钱又有什么用呢？"

樵夫满怀憧憬地说："有了钱就可以享受生活了。"

那人听后笑了，说："那你认为我此刻在做什么？"

"生活在此刻"，就是享受你正在做的，而不是即将要做的。

必须摆脱对"下一刻"的迷恋和幻想，它们大多数都不切实际，有的虽然最终会得到，却剥夺了我们此刻的生活。真正懂生活、会享受的人，会把持住内心，有一颗从容的心，让心灵悠然自乐地散步，真正找到快乐。

生命如同一朵花，花开总有花落时。既然人世间最宝贵的是生命，

那么我们应该如何地度过这一生？聪明人都懂得享受生命，选择快乐。快乐是一辈子，痛苦也是一辈子，为什么不让自已活得更快乐一点儿呢？

所以，不要一边吃饭一边想着工作中的事，不要一边工作又一边担心下班后要做的事。

我们要为每一天的日出欣喜不已；要为自己所从事的工作带来的生活体验而高兴；要分享与家人、朋友相处的幸福；要学会与自然和谐相处，去聆听风雨之声，去仰望璀璨的星空，与无穷的自然生命力相连接。

我们将不在生活的表层游离，而是要深入其中，聆听生活最美的"乐章"，让生活变得更加生动、有意义。

 ## 心灵点滴

生活中有太多的问题需要我们去面对，有太多的压力需要我们去承受，当然还有很多的责任需要我们去履行。但如果你用一颗享受的心去面对的话，你就能很快乐地生活着。

7. 心平气和， 让你更静心

在这个世界上我们没有必要看不惯任何事物和人，雷格尔说过："凡是存在的都是合理的，凡是合理的都是存在的。"既然这样，我们又何必动气呢？在你身边不乏各种各样的事情，人们往往一看到不公平的事情就开始口诛笔伐。开始觉得还很有道理，接着就是义愤填膺，到后来就开始抱怨社会不公、法律不健全，等等。俗话说得好"气大伤身"，与其这样，倒不如心平气和地对待任何事物。此时，你会发现世间的一切事物是那么美好！

人是一个社会动物，在工作与学习中免不了与别人打交道、产生摩擦，此时保持一个平和的心态就很重要了。有些事情虽然我们不认同，但是我们是可以理解的。

有一对国企职工下岗后，在早市上摆了个小摊，靠微薄的收入维持全家人的生活。他们没有了从前让人美慕的工作，也没有了叫人衣食无忧的工资、奖金，但他们依然生活得很幸福，很快乐。

夫妻俩过去爱跳舞，现在没钱进舞厅，就在自家的屋子里打开收录机转悠起来。男的喜欢钓鱼，女的喜欢养花。下岗后，依然能看到男的扛着鱼竿去钓鱼，他们家阳台上的花依旧鲜艳夺目。他俩下了岗，收入减少了许多，还是快乐不减从前，邻居们都用惊异的目光看着

他俩。

一天，记者去采访，男的说："我们虽然无法改变目前的境况，但我们可以控制自己的心态。虽然下岗了，但生活是否幸福还是由我们自己说了算。"女的说："我们没有了工作，再不能没有快乐，如果连快乐都丢了，那还有什么活头儿？"

人生无常，福祸相依。在顺境中我们也许能保持心平气和，然而，在逆境中依然能保持这种心态就是一个重量级的考验了。正所谓：横逆困窘是锻炼豪杰的一副炉锤，能受其锤炼，则身心受益；不受其锤炼，则身心受损。可见，在逆境中保持一个平和的心态是何其重要！

人的一生中不可能事事如意，工作、生活的环境条件不可能一点儿不变。身处顺境，我们自然求之不得，不会有什么大的问题；身处逆境，如失败、犯错误、降级等，主观心理期待与现实处境反差极大，不能调整自己保持平和的心态，就会命运不济、一生不幸。而保持平和的心态，尽快适应变化了的环境，等待、寻找新的发展机会，就会创造美好的命运。儒家讲的"达则兼济天下，穷则独善其身"，就是在人生两种不同的境界中调整自己的智慧。

一种平和的心态会给你带来一个好的身体，一种平和的心态会给你带来更大的成功，一种平和的心态会带给你更大的幸福！

 心灵点滴

心平气和，给你成功的保证；心平气和，让你细嚼成功的味道。

8. 乐观面对人生

人生一世，草木一秋，人只要有一颗积极乐观的心就是财富，它是金钱买不到的。遗憾的是，在现实生活中，我们常常忽略了这点，不能积极乐观地面对人生。

积极乐观的心态是一种比金钱还要宝贵的财富。乐观的态度，是充实而又富有的，是另一种别样的财富，这种财富只有拥有了乐观心态的人才会拥有它。

瞎爷的左眼瞎在他九岁那年。一场高烧之后，瞎爷忽然向他爹娘报告：我的左眼也看不见了！两位老人一惊，忙过来用手在他左眼前晃，那只左眼果然像坏了的钟摆一样，一动也不动。他爹娘顿时就抹开了眼泪：一个独生儿子，瞎了一只眼可咋办！未料爹娘哭得正伤心时，他慢腾腾开了腔，说："爹、娘，哭啥？应该笑才对！这场病不是才弄坏了我一只眼？总比两只眼都弄坏了要好吧？我比世上那些双眼全瞎的人不是要强多了吗？"这番话先是把两位老人惊住，后来想想也在理儿，遂止住了眼泪。

家境不好，爹娘无力供他读书，只好让他去私塾里旁听。爹娘很伤心，瞎爷劝说："我如今也已识了些字，我总比那些一天书没念、一个字不识的孩子强吧？"

瞎爷娶了个豁嘴的媳妇。爹娘觉得对不住儿子，瞎爷劝爹娘说："能娶到这样一个媳妇就不错了，和世上那么多光棍汉比比，咱还不是好了很多吗？好歹咱还会有个后代。"

媳妇勤快，可不温柔、驯顺，把婆婆气得心口直疼。儿子劝说："娘，你这个儿媳妇是有些不大称你的心。可你想想，天底下比她还差的媳妇多着呢。你的儿媳妇不是还挺勤快、不骂人吗？"

瞎爷的孩子全是闺女，媳妇觉得对不起他，瞎爷劝说："这有啥愧？我觉得你还是个挺有能耐的女人哩！世上有好多结了婚的女人，压根就不会生孩子，甭说五个女儿，她们连一个女儿也生不出来。咱们有这五个女儿，她们长大了就会有五个女婿，日后待咱们老了，逢年过节时五个女儿五个女婿一齐提了酒、拎了肉回来，多热闹！"

家境贫寒，妻子实在熬不下去便生抱怨。瞎爷说："你只跟那些住三进大院、家有万贯、顿顿喝酒吃肉的人家比，你越比就越觉得咱这日子没法过，可你只要看看那些拖儿带女四处讨饭的人家，白日饥一顿饱一顿，夜里就睡在别人的房檐底下，弄不好还会遭狗咬上一口，你就会觉着咱这日子还真是不孬。咱虽没馍吃，可总还有稀饭喝；咱虽买不起新衣服，可总还有旧衣裳穿；咱这房子虽然漏雨，可总还住在屋里边。和讨饭的人们比比，咱这日子还算在天堂里。"

瞎爷老了，想在生前把棺材做好，尔后安安心心地走。可做的棺材属于最薄、最不气派的一种。豁嘴奶愧疚得很，瞎爷劝说："这棺材比起富豪大家们的上等柏木棺是差些，可比起那些穷得根本买不起棺材、尸体用草席卷的人，不是要好得很吗？"

瞎爷活到72岁，无疾而终。临死前，瞎爷对嘤嘤哭泣的老伴说："哭啥？我已经活了72了，比起那些活80或90岁的人，我不算高寿，可比起那些活 40 或 50 就死的人，我不是好多了吗？"

瞎爷死时面容安详，两个眼角还有笑容留着。

从这个故事中，可以看出乐观对一个人的生活确实有着很大的影响。它关系着我们的心情、我们的命运。所以，不论生活给予了我们什么，我们都要心存幸福快乐，我们都要用百倍的乐观心态去面对，只有这样，我们才能快乐地平安地度过每一天。

从容面对困境，需要及时调整心态。首先要面对现实，勇敢地承认已经摆在自己面前的事实，不能总沉湎于不如意的东西之中。与其为了自己未曾拥有的而苦恼，不如用全力去享受当今的快乐。

心灵点滴

每个人都具备使自己幸福快乐的资源，缺少的只是发现快乐的眼睛和感悟快乐的心灵。

9. 不以物喜，不以己悲

"不以物喜，不以己悲"是中国的传统思想，讲究无为心态。这是一种思想境界，是修身的要求。无论外界或自我有何种起伏悲喜，都要保持一种豁达淡然的心态。

在困难和挫折面前，没有绝对的失败者，也没有绝对的赢家，只

有心态才能决定命运，决定人生的成败、影响人生的前途。每一个人都渴望拥有灿烂的人生，但真正能够活得精彩无限、有滋有味儿的，却始终是那些以积极的方式回应生活的人。生活就是一种心情，如果你能驾驭好自己的心情，那么也就拥有了你的精彩人生；相反，如果你驾驭不了心情，那么你的人生也会发生极度的逆转，甚至有些人因为一时的悲喜心情而丧失了自己的生命。

生活中，我们经常可以看到一些人由于在某个时期得到了一些物质财富就兴奋异常；而在失去一些物质财富时则会怨天怨地、情绪一落千丈。面对这一切，不知世间的人们是否想过，倘若心为物役，人生的大半就会在悲观的心情中窒息，难以感受到生命的乐趣；而与之相反，人生也就会收获到幸福美满。

三伏天，寺院的草地枯黄了一大片。"快撒点草种子吧。"小和尚说。

师父挥挥手："随时！"

中秋，师父买了一包草籽，叫小和尚去播种。

秋风起，草籽边撒、边飘。"不好了，好多种子都被吹飞了！"小和尚喊。

"没关系，吹走的多半是空的，撒下去也发不了芽，"师父说，"随性！"

撒完种子，跟着就飞来几只小鸟啄食。"怎么办？种子都被鸟吃了！"小和尚急得跳脚。

"没关系，种子多，吃不完！"师父说，"随遇！"

半夜一阵骤雨，小和尚早晨冲进禅房："师父，这下真完了！好多草籽被雨水冲走了!"

"冲到哪儿,就在哪儿发芽," 师父说,"随缘!"

一个星期过去了,原本光秃的地面居然长出许多青翠的草苗。一些原来没播种的角落,也泛出了绿意。小和尚高兴得直拍手。

师父点头:"随喜!"

表面看来,事情和心情是两个完全不同的概念,但是作为一个有着复杂情感因素的人,许多时候,心情和事情常常交织在一起。当一个人的心情没有处理好时,关于他的事情也常常处理不好。反之亦然,如果心情处理好了,接下来的事情就容易处理多了。所以,我们要坦然地面对人生,无论得到与失去。

一位心理学家说:是我们内心的想法或者说心态决定了我们的情绪,所以,不要把你的一切情绪都归于现在的事件、现在的人、现在的关系。表面上这些因素决定了你的爱恨情仇以及种种情绪,事实上导致你负面情绪的罪魁祸首是你内心对事情的想法和观点,而这是完全可以用积极的心态去改变的。从这个意义上说,我们完全有能力左右自己的心情。心情变了,事情的结果当然也就变了。

心灵点滴

不做世间功利的奴役,也不为凡间各种烦恼所骚扰,从而使自己的人生不断得以升华。

10. 不必太在乎

人生贵在淡泊，拥有淡泊的心境，使之不容尘埃，就像一位名人说的那样："世界并不复杂，复杂的是我们自己。"如果我们自己没有几分淡泊的心态，无法摆脱外界的侵袭，欲望就会让你痛苦不堪。

唐朝著名高僧慧宗禅师非常喜欢兰花，于是在一个春光明媚的日子里，他带着弟子们在后院种植兰花。到了第二年，兰花开放了，满园的兰花将原本雅致的小院点缀得更加绚丽多姿，慧宗禅师和弟子们看着满园的兰花，心里美不胜收。然而，很不幸，一天，天下起了雨，雨点很大，仿佛冰雹一样从天而降。这场暴雨后，满园的兰花被雨点打落了，本来一个美丽的小院此刻变得残败不堪。

徒弟们看着这种景象，心里非常难过，他们心想：师傅最喜爱的兰花现在变成这样，当师傅知道这个消息后，他一定会很难过。于是，他们怀着落寞的心情向慧宗禅师报告了雨后小院的境况，然而师傅听后，不仅没有难过，反而平静地对他们说："我栽花是为了寻找爱好和乐趣，而不是得到愤怒和埋怨。"听了师傅的话后，小和尚们顿时对师傅的胸怀更加肃然起敬。

听了慧宗禅师的话，我想不仅小和尚们会心结顿开，我们也一样，我们栽花是为了给自己带来快乐，而不是为了让他给自己带来忧愁，我们带着这种心境去看待一切，那么我们的心会随之明朗很多。

我们无须太在乎生活的点点滴滴，应学会享受生活，轻松而快乐地度过每一天，理解人生的真正含义。把自己的心态摆正，用一种平常的心态去体味人生、享受人生，去迎接大自然对人生的挑战，深刻认识到酸甜苦辣乃是人生的真谛，兴衰荣辱是自然界赋予人类的永恒的交响曲。

无须太在乎，保持一份生活的明净。在有云的日子里，不再悲伤；在辉煌的岁月中，不要忘形。用一种平常的心态去善待生活的每一天，用平静的心态去追求目标。生活需要激情，但不要刺激，不要贪婪，更不要困死在金钱、权利、美色中。要能够正视自己，要进行努力地创造，而不奢求；追求品位，但不要爱慕虚荣。享受生活，但知道知足常乐。对于一杯清茶来说，并不比一杯咖啡逊色；携着爱人的手散步并不比坐名车兜风缺乏情趣；全家团聚喝着稀饭的那种感觉并不比让坐在音乐厅的茫然心情缺乏快乐。

心灵点滴

平淡的日子不会永远平淡，只要怀有淡泊的心境和一生一世永不放弃的追求，定能获得生活馈赠的那份欢乐、成功给予的那份慰藉，谱写出生命最璀璨辉煌的乐章。

11. 不完美也是一种美

完美的人生是一种境界，可古往今来又有几人达到了完美呢？有些人为了追求完美而奋斗一生，可结果换来的是什么呢？不外乎是一个又一个的遗憾。追求完美本无可厚非，甚至是一种可以提倡的生活方式，但不能过分追求完美。

其实完美是一种可望而不可即的奢望。作家韩寒说："既然社会上已呼唤不到全才，那就只好把'全'字下的'王'去掉，做一个人才。"人们应该辩证地看待那些不完美的事物，有时，不完美的事物也是一种美！月亮正因为有阴晴圆缺，才使人不感到乏味；维纳斯正因为少了两条胳膊，才有了跨越时空的魅力。如果你是一个追求完美主义之人，请先停下来欣赏一下你周围的"不完美中的完美"吧！

一位国王有七个女儿，这七位美丽的公主是国王的骄傲。她们那一头乌黑亮丽的长发远近皆知。所以国王送给她们每人一百个漂亮的发夹。

有一天早上，大公主醒来，一如往常地用发夹整理她的秀发，却发现少了一个发夹，于是她偷偷地到了二公主的房里拿走了一个发夹。二公主发现少了一个发夹，便到三公主房里拿走一个发夹；三公主发现少了一个发夹，也偷偷地拿走四公主的一个发夹；四公主如法炮制拿走了五公主的发夹；五公主一样拿走六公主的发夹；六公主只好拿走七公主的发夹。于是，七公主的发夹只剩下九十九个。隔天，邻国英俊的王子忽然来到皇宫，他对国王说："昨天我养的百灵鸟叼回了一个发夹，我想这一定是属于公主们的，而这也真是一种奇妙的缘分，不晓得是哪位公主掉了发夹？"公主们听到了这件事，都在心里说："是我掉的，是我掉的。"可是她们头上明明完整地戴着一百个发夹，为此，她们都懊恼得很，但却无法说出。这时，只有七公主走了出来，说："我掉了一个发夹。"话才说完，一头漂亮的长发因为少了一个发夹，全部披散了下来，王子不由地看呆了。

故事的结局，想当然的是王子与公主从此一起过着幸福快乐的日子。有时追求完美不一定能获得幸福，容许自己的不完美，接受别人的小瑕疵，换个方式、换个角度看问题，也许那些不完美的事物在你的眼中会变得那么的美。

这个世界上再美的事物也或多或少有自己的缺憾，但同时也正是这些缺憾的存在，美的含义才会升华，美的真谛才会让世人去珍惜。不完美也是一种美，而且是一种更深层次、更有内涵的美。

古人云："甘瓜苦蒂，物不全美。"从理论上来讲，人们大都承认"金无足赤，人无完人"。正如世界上没有十全十美的东西一样，也不存在完美的人。所以，"不完美"的人生才是一种最美的风景。看得惯残破，是历练、豁达、成熟，是一种人生的最高境界！每个人的人生都会处于一种缺憾的状态，我们必须保持一颗宽容的心，去接纳它、欣赏它。

心灵点滴

世界并不完美，人生中留些遗憾，可以使人清醒，催人奋进。

12. 善待失意， 活出诗意

人生得意须尽欢，人生失意宜善待。因为在人生的旅途中，不可避免会有失意之时，因为失意无处不有、无处不在。

失意，是一面镜子，能照见人的污浊。见污而不怒，审视自身，再创新路。一次失意就灰心失望的人，永远是个失败者。人生本就是一场无休止的战斗，而失意便是无形的敌人，善待失意就能战胜失意。

苏联作家尼古拉·阿列克谢耶维奇·奥斯特洛夫斯基于1904年出生在乌克兰维里亚村一个贫困的农民家庭，他排行老五，11岁便开始当童工。1919年参加国内战争同白匪作战。1923年到1924年担任乌克兰边境地区共青团的领导工作，1924年加入共产党。由于他长期参加艰苦斗争，健康受到严重损害，到1927年，健康情况急剧恶化，但他毫不屈服，以惊人的毅力同病魔作斗争。1934年底，他着手创作一篇关于科托夫斯基师团的《历史抒情英雄故事》（即《暴风雨所诞生的》）。不幸的是，唯一一份手稿在寄给朋友们审读时被邮局弄丢了。这一残酷的打击并没有挫败他的坚强意志，反而使他更加顽强地同疾病作斗争。

1929 年，他全身瘫痪，双目失明。1930 年，他以自己的战斗经历为素材，以顽强的意志开始创作长篇小说《钢铁是怎样炼成的》。小说获得了巨大成功，受到同时代人真诚而热烈的称赞。1934 年，奥斯特洛夫斯基被吸收为苏联作家协会会员。1935 年底，苏联政府授予他列宁勋章，以表彰他在文学方面的创造性劳动和卓越的贡献。1936 年12 月 22 日，由于重病复发，奥斯特洛夫斯基在莫斯科逝世。

奥斯特洛夫斯基在病魔的面前没有一蹶不振，反倒是直面各种挫折与失意；非但没有消沉，反倒创造了更多的精彩、更好的诗意！可见，面对失意最好的办法就是从失意中爬起，用一次最近的成功来鼓励自己，哪怕只是一次小小的成就。失意并不可怕，可怕的是失去斗志。

可是时下有很多脆弱的人，哪怕是一次小小的失意都能使自己一蹶不振。记得有篇报道是这样的：有一位女中学生，在高考后，成绩不理想，在自己喜欢的大学里跳楼了。她说的最后一句话就是："我想死在这里。"这不禁让人想起了一句话："难道一个人只能在一棵树上吊死吗？"

阳光总在风雨后，上帝是公平的，他给了你一次失意，是为了以后给你更大的成功，如果你是一个豪迈的人，请将豪情释放出来；如果你是一个勇敢的人，请坦然面对你的失意；如果你是一个平凡的人，请憧憬你明天的得意！

善待失意，创造更多、更好的诗意生活！你可以的。

第五章
淡定，别样人生不纠结

心灵点滴

在诗意中体味失意生活，在失意中追求诗意人生。人生得意，可喜可贺；人生失意，亦需善诗。善诗失意，就能战胜失意。

13. 不偏不倚的生活智慧

《菜根谭》的作者洪应明曾说："居盈满者，如水之将溢未溢，切忌再加一滴；处危急者，如木之将折未折，切忌再加一搦。"这就是说我们在做事上要讲求一个"度"，如果掌握不了其中的"度"，一旦表现过头，就会造成适得其反的结果。

有一个傻小子到朋友家去做客。主人热情地做了几道好菜招待他，但由于一时匆忙，每道菜都忘记了放盐，所以每一道菜都淡而无味。

傻小子吃了后，说："你烧的菜怎么都是淡而无味呢？"

主人这才想起忘了放盐，于是马上在每道菜里加了点盐，并请他再食用。傻小子吃了之后，觉得菜都变得非常可口。

于是，他就自言自语地说："菜之所以鲜美，就是因为放进盐的缘故。加一点盐就那么鲜美，那么要是加多一点，那一定会更好吃了。"

接着，这个人菜也不吃了，就抓起大把盐往嘴里塞，结果，他被咸得哇哇大叫。

分寸是一种力量，生活中对分寸把持得很好的人，从某种意义上说他们首先是一个征服并升华了自己的人，是一个悟性高与定力好的人，这并不容易。能够练好这种"自发功"的人是最有力量的，十之八九，他们都能战胜自己的贪婪、浅薄、盲动或狂妄。

不仅如此，在对待工作上，我们一定要谨慎，不要急躁、冒进。一般来说，如果一个人做事拖拖拉拉、拖泥带水的话，是无法办成的；如果不经过仔细的思考、冷静的分析，而草率行事、鲁莽上阵，那也不可能把事情做好。"中庸"的态度就是要克制人们的偏激心理，冷静地对待每一件事，也不能"到处撒网"，如果什么事都想干，一会儿做这个，一会儿做那个，结果还是一事无成。

人生的成败兴衰、浓淡缓急，无不在把握分寸之中见分晓。谁把握好了人生的分寸，谁就掌握好了中庸的艺术，谁就等于掌握了自己的命运。

清代学者李密庵的一首《半半歌》，以艺术的方式把儒家提倡的那种中庸生活的理想很美妙地表达了出来：

看破浮生过半，半字受用无边。半中岁月尽悠闲，半里乾坤宽展。

半郭半乡村舍，半山半水田园。半耕半读半经廛，半士半民姻眷。

半雅半粗器具，半华半实庭轩。衾裳半素半轻鲜，肴馔半丰半俭。

童仆半能半拙，妻儿半朴半贤。心情半佛半神仙，姓字半藏半显。

一半还之天地，让将一半人间。半思后代与沧田，半想阎罗怎见？

酒饮半酣正好，花开半吐偏妍。帆张半扇免翻颠，马放半缰稳便。

第五章
淡定，别样人生不纠结

半少却饶滋味，半多反厌纠缠。百年苦乐半相参，会占便宜只半。

幸福恰到好处的底线是什么？竟是个耐人寻味的"半"字。

心灵点滴

要在过与不及两端之间把握一个中点或度，也就是量变到质变的关键点，以保持事物的常态不变。

14. 吃亏是福

当年"扬州八怪"之一的郑板桥，曾经说了两句流传千古的至理名言："难得糊涂"、"吃亏是福"。这两句名言包含着人生的两种境界，"难得糊涂"比较容易被世人所理解，而"吃亏是福"却很难被急功近利之人理解和认同。因为在许多人眼中，"吃亏"是一种愚蠢的行为。其实，在物欲横流的今天，吃亏并不是一种愚蠢的行为，而是一种自我解脱。不懂得吃亏，到最后弄得两败俱伤，相信这是谁都不愿意看到的结局。

春秋时的越王勾践曾被抓做人质，去给吴王夫差当奴役，从一国之君到为人仆役，这是多么大的羞辱啊！但勾践忍了、屈了。他是甘心为奴吗？当然不是，他是在伺机报仇复国。

到吴国之后，夫差外出时，勾践就亲自为之牵马。别人骂他，他也不还口，始终表现得很驯服。

一次，吴王夫差病了，勾践在背地里让范蠡预测了一下，因此知道此病不久便可痊愈。于是，勾践去探望夫差，并亲口尝了尝夫差的粪便，然后对夫差说："大王的病很快就会好的。"夫差就问他为什么，勾践顺口说道："我曾经跟名医学过医道，只要尝一尝病人的粪便，就能知道病的轻重，刚才我尝大王的粪便味酸而稍有点苦，所以您的病很快就会好的，请大王放心！"果然，没过几天，夫差的病就好了，夫差认为勾践比自己的儿子还孝敬，很受感动，就把勾践放回了越国。

勾践回国之后，依旧过着艰苦的生活：一是为了笼络大臣、百姓，二是因为国力太弱，他要养精蓄锐，报仇雪耻。他睡觉时不铺褥子，而是铺些柴草，还在房中吊了一个苦胆，每天尝一口，为的是不忘自己所受的苦。

吴王夫差放松了对勾践的戒心，勾践正好有时间恢复国力，厉兵秣马，终于可以一战了。两国在五湖决战，吴军大败。勾践率军灭了吴国，活捉了夫差，后来，他成为霸王，正所谓"苦心人，天不负，卧薪尝胆，三千越甲可吞吴"。

勾践所受之辱，可以说达到了极点，但他熬了过来，不仅报了仇、雪了耻，还成了当时的霸王。

通过这个故事，我们可以看到，吃亏是福，当你在复杂的社会中碰到对你不利的环境时，要学会把吃亏当福，以一种豁达的心态接受一切，宁可吃眼前亏，也不要急躁冒进。这样你所得到的将比期盼的更多。

享受
不再纠结的
人生

诚然，每个人在吃亏的时候都会带有无奈的苦涩，但吃亏依旧不失为一种艺术。在现实生活中，什么样的人才是成功之人？什么又叫做强大的震慑力？难道说，你把别人打垮了，使别人无法翻身，就能说明你是成功之人？难道说别人看到你，就像老鼠见了猫一样躲之不及，就说明你有震慑力？其实不然，对于当今讲求合作、互利互惠的社会来说，人们所追求的更是一种折衷，既不需要将自己的利益降低到零下，也不希望他人的利益升温到零上50度，这样，获利的一方即使追求到了最大利益，但也难以抵挡周围温度的烘烤，使得他人难以与其合作共事，自然你所获得的利益到此也就戛然而止了，所以说，吃亏在社会中是一种对多元资源、多方意见、多方关系的整合。一个人如果能真正把生活中的这些资源整合得当，那么这个人的心理也就成熟了，人格的真正魅力也就体现出来了。可以说，吃亏是一种心理成熟，需要在一次次历练中去成就，需要用心去体悟。

所以，人生在世，即使什么也学不会，也得学会吃亏。只要学会吃亏，烦恼就不会再频繁打扰你，遇事游刃有余，心底坦坦荡荡，吃饭有滋味。这种神仙般的生活滋味，是那些不懂得吃亏的人难以体会到的。

心灵点滴

吃亏是福的福不在于吃亏本身，而在于吃亏以后产生的影响。当你真正理解了吃亏是福的时候，你就有福了，而那些不愿吃亏的人早晚会吃大亏。

挣脱，打破心灵的瓶颈

一只小螃蟹在玻璃瓶里长大了，它想要往上爬，但瓶子的颈部却将其卡住，这只螃蟹要花费很大力气才能摆脱瓶颈，走向更广阔的世界。我们每个人的心中也都有一个瓶颈，它就像是一道横在成功与失败间的一道槛，一旦我们迈过了心中的那道槛，那么就会获得成功。只是大多数人热衷于或者宁愿望着那道槛打发时光，却不愿抬一下腿迈过去，去领略无限风光。

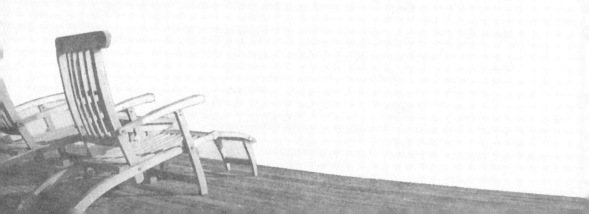

享受不再纠结的人生

1. 让希望伴随自己一生

人生之路总是与希望为伴的，人的一生缺一些其他的东西还可以，就是不能没有希望。生活中总会交织着跌宕起伏，只有为了希望而活下去的人才能成为真正的胜利者。

一位银行家，在51岁的时候，财富高达数百万美元，而到52岁的时候，他不但失去了所有的财富，而且还背上了一大堆债务。但是，他决定要东山再起，不久他又积累了巨额的财富，改变了自己的命运。当他还清最后300个债权人的欠款后，这位金融家实现了他那伟大的承诺。

有一次，一位客人问他，他的第二笔财富是怎样积累起来的。他回答说："这很简单，就是因为我从来没有改变从父母身上继承下来的天性。从我早期谋生开始，我就认为要以充满希望的心来看待万事万物，从来不要在阴影的笼罩下生活。我总是有理由让自己相信，实际的情况比一般人设想和尖刻批评的情况要好得多。我相信，我们的社会到处都是财富，只要去努力工作，就一定会发现财富、获得财富。这就是我生活成功的秘密——总是要看到事物阳光灿烂的一面。"

这个故事告诉我们的是：你用什么样的态度对待你的人生，生活就会以什么样的态度来对待你。你消极，生活就会暗淡；你积极向上，生活就会给你许多快乐。

可见，一念之间，一种心态的选择就会使人生命运出现截然不同的结果。只要我们往好处多想一点儿，我们的人生就会充满阳光；如果我们时刻往坏处想，我们的人生也就充满了黑暗。

康氏是一个很不幸的女人，由于命运的安排，她几乎经历了一个女人所能遭遇的一切不幸，然而她却用一颗满盛着希望的心灵演绎了一个幸福美丽的人生。

十八岁时，她嫁给了邻村的一个生意人，可刚结婚不久，丈夫外出做生意，便如同飞出的黄鹤，一去不返。有人说他死在了响马贼的枪下，有人说他是病死他乡了，还有人说他被一家有钱人招了养老女婿。此时，她已经怀上了孩子。

丈夫不见踪影几年以后，村里人都劝她改嫁。没有了男人，孩子又小，这寡居生活到什么时候是个头？但她没有走。她说丈夫生死不明，也许在很远的地方做了大生意，没准哪一天发了大财就回来了。她被这个念头支撑着，带着儿子顽强地生活着。她甚至把家里整理得井井有条。她想，假如丈夫发了大财回来，不能让他觉得家里这么窝囊寒酸。

这样过去了十几年，在她的儿子 17 岁的那一年，一支部队从村里经过，她的儿子跟部队走了。儿子说，他要到外面去寻找父亲。

不料儿子走后又是音信全无。有人告诉她说儿子在一次战役中战死了，她不信，一个大活人怎么能说死就死呢？她甚至想，儿子不仅没有死，而是做了军官了，等打完仗，天下太平了，就会衣锦还乡。她还想，也许儿子已经娶了媳妇，给她生了孙子，回来的时候是一家子人了。

尽管儿子依然杳无音信，但这个想象给了她无穷的希望。她是一个小脚女人，不能下田种地，就做绣花线的小生意，勤奋地奔走四乡，积累钱财。她告诉人们，她要挣些钱把房子翻盖了，等丈夫和儿子回来的时候住。

有一年她得了大病，医生已经判了她死刑，但她最后竟奇迹般地活了过来，她说，她不能死，她死了，儿子回来到哪里找家呢？

这位老人一直在村里健康地生活着，今年已经满百岁了。直到现在，她还做着她的绣花线生意。

诗人胡德说："即使到了我生命的最后一天，我也要像太阳一样，总是面对着事物光明的一面。"的确，人生是一本难念的经，任何人都无法读透它。有时，它的内容是平平淡淡；有时，它的内容又是精彩纷呈；有时却又是枯燥乏味。但无论在何种境遇下，希望都是人生的力量，它是人的一种精神寄托，有了这种精神寄托，你才会找到无穷的力量，帮你战胜困难。可见，人活着就应该有希望，没有什么能胜过希望！

生活中，没人喜欢挫折，没人不希望幸福，但是，当你本能地去生活、去追求幸福时，你的主要目标之一就是最大限度地减少挫折、增加快乐。如果你不想被平庸无色的生活"冷却"了你的斗志，你就得用生命的激情与辛勤的汗水把这盆冷水煮沸。

心灵点滴

没有希望，就如同失去了翅膀的鸟儿、断了线的风筝，没有了支撑，没有了依靠，只留下一颗孤独的心。

2. 快乐就在你心里

快乐是什么？你问不同的人，就会得到完全不同的答案。

快乐，其实是无时不在我们身边的，只要我们细心地去感受，敏锐地去观察，你会发现，原来快乐与我们是那么接近！如果你一不小心，快乐也许会从我们身边偷偷地溜走。只关注现在，不顾及将来，也未尝不是一种保持快乐的捷径，所以，我们应该在快乐还没有溜走之前，好好地把握，好好地珍惜！

然而，不幸的是，很多人感受不到身边的快乐，他们常常感受到生活的苦恼。其实，人过得快乐不快乐并没有什么评判标准，人对快乐的理解和追求也是没有止境的。快乐，其实就是自己的一种心态。你认为自己是快乐的人，那么快乐就唾手可得；你认为自己是不幸的人，那么快乐就遥不可及。所以说，快乐是来自于内心，而不是存在于外在。人生是有限的，摆在我们面前的是许多要我们去完成的事情，而且想做的事更多。在这有限的时间里，如果把精力都浪费在微不足道的小事上，或是无谓的人际关系上，又有何快乐可言呢？

传说在天堂上的某一天，上帝和天使们召开会议。

上帝说："我要人类在付出一番努力之后才能找到幸福快乐，我们把人生幸福快乐的秘密藏在什么地方比较好呢？"

享受
不再纠结的
人生

有一位天使说："把它藏在高山上，这样人类肯定很难发现，一定要让他们付出大的努力。"

上帝听了摇摇头。

另一位天使说："把它藏在大海深处，人们一定发现不了。"

上帝听了还是摇摇头。

又有一位天使说："我看哪，还是把幸福快乐的秘密藏在人类的心中比较好，因为人们总是向外去寻找自己的幸福快乐，而从来没有人会想到在自己身上去挖掘幸福快乐的秘密。"

上帝对这个答案非常满意。

从此，幸福快乐的秘密就藏在了每个人的心中。

偶尔听到有人说自己过得还算是幸福，也有不少人感到有这样那样的烦恼，诸如家庭关系、子女教育、经济收入、工作压力、人际交往、感情问题，等等。快乐其实就是自己的一种心态，人在旅途，如果只是站着的羡慕坐着的，坐着的羡慕躺着的，躺着的羡慕睡着的，那人有多少快乐可言？世界上没有绝对不好的事情，只有心态不好的人，所以换一种心态、换一种想法去思考问题又将是另一个世界了。

 心灵点滴

人活得快不快乐是心态问题，只要心态调整好了，就会过得愉快，就会觉得幸福。

3. 打开心房， 让阳光走进来

作为万物之灵的人，既有生物属性，也有社会属性，人有着丰富思想感情，所谓"具而神生，好恶喜怒哀乐藏焉"。因此，人会患生理疾病，心理上也可能出毛病。在日常生活中，常听到人们使用"心理障碍"这个词。什么是"心理障碍"？心理障碍是指一个人由于生理、心理或社会原因而导致的各种异常心理过程、异常人格特征、异常行为方式，这是一个人表现为没有能力按照社会认可的适宜方式行动，以致其行为的后果对本人和社会都是不适应的。这样的人时刻封闭自己，不懂得打开自己的心房，难以感受到生活的温暖，就像一扇窗子一样，如果你不常常打开它，让阳光照进来，那么你的房间就会潮湿、污浊。但是，如果你懂得时常开窗，让温暖的阳光照进你的心里，那么房间就会很温暖、很温馨。

有这样一对弟兄，他们住在一间非常黑暗的小房子里，整天向往着外面的阳光。一次他们在院子里玩耍时，妈妈叫他们到屋里吃饭，他们俩不愿进屋，因为二人非常留恋阳光。

这时，哥哥提议说："我们可以把外面的阳光扫一点儿进屋。"于是，他们拿着扫帚和簸箕，走到外面去扫阳光。扫的时候，簸箕里面似乎装满了阳光，可是等到他们把簸箕端到房间里的时候，里面的阳

光却一点儿也没有了。

妈妈过来问他们道："你们在做什么？"他们回答说："房间里太黑了，我们要扫点阳光进来。"妈妈看着两个可爱的孩子，笑着说："傻孩子，窗户是关着的，阳光是不会进来的，你只要把窗户打开，阳光自然会进来，何必要扫呢？"这时，兄弟俩恍然大悟，按着母亲说的去做了，果然阳光充满了整个屋子。

让心情开朗最简单的办法就是打开自己闭塞的心房，让阳光进来。只要心中有阳光，何处不是花香满园？所以，做一个快乐的、告别忧伤的人，首先要做的就是让阳光照进自己的心房，以轻松的心态去迎接生活。要知道好心情是自己创造出来的，生活中给自己留点闲暇，寻找和发现生命中的美好，有句话是这样说的"爬山时别忘了欣赏周围的风景"，其实，每个人都有自己对周围风景的理解和赞美，不必求同，不必讲形式。请你记住，你是你自己，只有你自己才能让心情好起来。

健康、财富、成功和幸福等一切美好的东西都源于一个美好与愉悦的心灵，在这个日趋浮躁和喧嚣的社会里，一个人要想有一个幸福与成功的人生，首先必须打开自己的心房，让阳光照进来，这样你的心才会感受到温暖。

因此，在这五彩缤纷、充满诱惑的世界上，我们不仅需要学会自我调节，而且还需要学会打开自己的心房，打造自己优质的心灵，把坚强、纯真、美好的思想注入自己的心灵，把生活的美妙注入自己的思想，让麻木的神经得到调节、放松，及时给心减负，留下该留下的，舍弃该舍弃的，让心灵有更多的时间放松，这才是最重要的。

快乐是一种心态，只要你能打开这扇心态的大门，那么快乐的种子就会播撒到你的心田里。

4. 抱怨不如改变

人的生命是短暂的，不允许我们在终日的抱怨中浪费光阴，那就让我们学会用平和而积极的心态面对人生，即使有抱怨，也请把抱怨化为努力，不要等到清醒的那一天才后悔当初自己为什么有那么多的"抱怨"！这才是一个人真正求得发展，避免被社会遗弃所应选择的道路。

一天，一头驴在随主人一起下地干活的时候，不小心掉进了一个废弃的陷阱里，陷阱很深，驴费了好大的力气也没有爬上来。主人看陷阱如此深，也就放弃了营救它的念头，任其在陷阱中自生自灭。那头驴看着自己的主人都不要自己了，它想，也许这就是自己生命的终点吧！于是也放弃了求生的念头。

正在这时，"嘭"一袋子垃圾扔在了陷阱里，驴想："太好了，挣扎了半天，我已经饿了，居然还有人给食物吃，感谢上苍。"于是，它把垃圾中能吃的食物都吃掉，不能吃的东西，踩在脚下。每天都有

垃圾扔进陷阱，它每天都是这样做，结果一个月后，它依靠废旧的垃圾在自己的脚下垫起的高度，重新回到了地面。

由此可知，抱怨不是解决问题的办法，一味地抱怨只会消磨人的志气、损伤自己的信心、危害自己的生活。所以，当你感到工作不顺心，同事之间太难以相处，需要得到的太多，而自己拥有的又太少的时候，不要抱怨，要学会用平和而积极的心态去面对人生，面对现实，就像于丹教授所说的那样，感觉到心里不平衡是因为世界在动，而你不动，我们总是抱怨得太多，却总不静下来想想自己。所以说，更多的时候不是社会在嫌弃我们，不是社会不包容我们，也不是社会不提携我们，而是人类本身不知道在这个发展的社会中积极努力地采取行动，由此，也就导致了人类与社会发展的脱节，使得很多人怨声载道。

就像掉进陷阱中的那头驴，虽然在它掉进陷阱之后，主人不救它，而且还有人向它头上扔垃圾，但它依旧没有丝毫的抱怨，没有责怪自己的主人，咒骂那些倒垃圾的人，而是将这些垃圾很好地加以利用，最后不仅自己求得了生存的空间，而且还依靠这些垃圾使自己重新走出了困境。生活中的你只要能停止抱怨，依然能把生活中那些所谓的"垃圾"踩在脚下，登上人生的巅峰。

"生"容易，"活"容易，但如果将"生活"两个字组合到一起就不容易。不管是富裕的人，还是贫穷的人，在生活中都各自有各自的苦衷，就像人们常说的那样"家家有本难念的经"，只不过在旁人看来，富裕之人的苦比贫穷之人的苦要少些。其实，无论是贫穷之人，还是富裕之人，我想每个人一定不想生活在抱怨的生活中，既然如此，那么为什么每个人不能减少一些生活中所谓的抱怨，走出抱怨的世界，迎接新的生活呢？

心灵点滴

抱怨既无法改变现状，也不是解决问题的办法，要想改变现状就要丢掉抱怨，就要努力争取，使自己在前进的道路上有所跨越，从而看到希望。

5. 挣脱心灵的缰绳

在我们成长的环境中，有许多肉眼看不见的绳索捆住了我们，于是我们总是在自我否定，向困难低头，怨天尤人，很多人会相信"得之我幸，失之我命"。现在的你，是否也有一条心灵的缰绳没有解开呢？如果是的话，请再次尝试一下，也许这次就能解开心灵的那条缰绳。

从前，有一只小象，它被人们无情地捉了去。人们把它绑在一个木桩上，用尼龙绳缠了一圈又一圈，然后便把它忘却了。但它每天都没有忘记过，它每天都要试一试自己能不能够挣脱尼龙绳，结果每天都是以失败而告终。日子渐渐过去了，小象也已经长成了强壮的大象，大概没有会怀疑它能够挣脱尼龙绳，获得自由。但是的确有这样一个

傻瓜——就是它自己。它很是自卑，小鸟儿飞过这里，对它忠实地劝告："小象，你怎么还没有挣脱，获得自由啊？""我不行的，我以前试过那么多次都没有成功过！""不，傻瓜，你行的。你已经那么强壮了！""不，你在笑话我！我不行，永远不行的。你想看我的笑话！哼！"小鸟无奈地摇摇头，走了。最后，那只象还被绑在木桩上，直到它死去。

我相信每个看到这个故事的人都会深深地感叹：难道这就是思维定势的力量吗？小象不知道时间在变化，事物会随着时间的变化而产生变化。困死小象的不是那条绳子，而是它心理的思维定势！

有一所学校，每年都要举行一次智力竞赛。这一年，智力竞赛又拉开了序幕。报名参加比赛的有几百名学生，竞争非常激烈。终于，百里挑一，全校选出了6名学生，大家都等着看哪一位能获得第一名。

校长把参加决赛的6名选手带进了教学楼第一层，指着6间教室，又指指大门，说："我现在把你们分别关在6间教室里，门外有人把守。我看你们谁有办法，只说一句话，就能让门外的警卫把你放出来。不过有两个条件：不准硬闯出门，这是其一；其二，即便放出来，也不能让警卫跟着你。"校长说完，微微一笑："好了，孩子们，请吧！"

6位学生各自走进了一间教室，思考着如何用一句话就能让警卫叔叔放自己走出大门。然而，3个小时过去了，却没有一个人发出声响。正在这时，有个学生很惭愧地低声对警卫说："警卫叔叔，这场比赛太难了，我不想参加这场竞赛了，请您让我出去吧。"警卫听了，打开了房门，让他走了出来。看着这个临阵退缩的小家伙垂头丧气地走出了大门，警卫惋惜地摇摇头。

然而走出大门的小家伙随即又回来了，他走到大厅里，对校长说："校长，您看，按您的要求，我办到了！"校长伸出手一把抱起了这个孩子，高兴地说："孩子，你是这次竞赛的胜出者！"

　　人们往往习惯于沿着事物发展的正方向去思考问题并寻求解决办法，其实，对于某些问题，尤其是一些特殊问题，从结论往回推，倒过来思考，从求解回到已知条件，反过去想或许会使问题简单化，使它解决起来变得轻而易举，甚至因此而有所发现，创造出惊天动地的奇迹来，这就是逆向思维和它的魅力。

　　人也是如此，当我们出生的时候，所有的感官都一片空白，大脑同样也是一片有待涂抹的空间，我们的思想可以任意驰骋。然而，随着我们渐渐地长大，所受的教育方式和他人的眼光使得我们的思维只局限在一个小小的领域中，从而形成了一种习惯性的思维方式。遇到问题往往容易被一些习惯性的东西所困扰，不愿也不会转个方向。其实，如果你懂得换个位置、换个角度、换个思路，也许我们面前是一片新的天地。

心灵点滴

　　生活中，很多人走不出一个固定的思维定势，所以他们走不出宿命的可悲结局；而一旦他们走出了思维定势，那么他们会创造出不同的精彩。

6. 不要自我设限

　　人是社会性的动物，所以，人不可能独立于社会而存在。一个人必须在与他人的交往中完成社会化过程，使自己逐渐成熟。无论外界环境多么纷繁复杂，我们都应该勇敢地去面对，而不应该给自己设限，将自己封闭起来。

　　有一位名叫小凤的女孩儿，娴静漂亮，但总是爱躲在教室的一角。上课前，她早早地来到教室；下课时，她又总是最后一个离开教室。后来大家才知道，她的腿因为得了小儿麻痹症而落下了残疾。因此，在她的心里，一种自卑感让她不愿意让人看到她走路的姿势，所以她也一直不与同学交往。

　　一天，上演讲课时，老师让同学们走上讲台讲述一个小故事。轮到小凤演讲的时候，全班四十多双眼睛一齐投向那个角落，小凤立刻把头低了下去。演讲老师是刚调来的，还不了解她的情况，他就一直点小凤的名字。

　　她犹豫了好一会儿，最后才慢吞吞地站了起来。大家注意到，小凤的眼圈儿红了。在全班同学的注视下，她终于一摇一摆地走上讲台。就在她刚刚站定的那一刻，不知是在谁的带动下，骤然间响起了一阵掌声。那掌声热烈、持久，在掌声中，大家看到小凤的泪水流了下来。

掌声渐渐平息，小凤也定了定情绪，开始讲述她童年的一个小故事。她的普通话说得很标准，声音也十分动听。当她结束演讲的时候，班里又响起一阵掌声。小凤很礼貌地向演讲老师深鞠一躬，又向同学们深鞠一躬，然后在掌声里步履蹒跚地走下了讲台。

奇怪的是，自从那次演讲以后，小凤就像变了一个人似的，她不再那么忧郁了，她和同学们一块游戏、说笑，甚至有一次她还走进了学校的小舞厅，让同学们教她跳舞。学习一直很好的她，在高二那一年代表学校参加了全国奥林匹克物理竞赛，还得了奖。

三年时光，匆匆而过。三年之后，小凤被北京的一所大学破格录取。后来，她来信对老师说："我永远不会忘记那一次掌声，因为它使我明白，同学们并没有歧视我。我应该鼓起勇气微笑着面对生活，那次掌声给了我第二次生命！"

很多人的经历与此相似。一个人在成长的过程中，特别是幼年时代，很容易遭受外界的打击或挫折，于是在与外界接触的时候就容易自我设限，压制自己、封杀自己。如果这种心理没有得到及时的疏导与激励，就很容易逐渐丧失了信心和勇气。人是有无限潜力的，切莫因为自己具有一点点的缺陷或者某方面的不足而自我封闭起来，只要你突破自己，一定能自由自在地翱翔于成功的天空。

孟子曾言，我移不了泰山，是真话，因为没有人能做得了这件事，这就叫"不能"；而我折不了树枝，则是假话，因为基本上成年人都能做得了这件事，而是不愿去做，这就叫"不为"。当把"不能"与"不为"弄懂之后，就好办了，"不能"固然不可能，但"不为"则

第六章 ▼▼▼
挣脱，打破心灵的瓶颈

可以为，只是方法心态的问题。可见，生活其实很简单，不要自己给自己戴紧箍。

一烦恼少年四处寻找解脱烦恼之法。他来到一个山脚下，看见一片绿草丛中，一位牧童骑在牛背上，吹着悠扬的横笛，逍遥自在。烦恼少年走上前去询问："你能教给我解脱烦恼之法吗？""解脱烦恼？嘻嘻！你学我吧，骑在牛背上，笛子一吹，什么烦恼也没有了。"牧童说。烦恼少年试了试，依然不灵。

于是他又继续寻找。走啊走啊，不觉来到一条河边，岸上垂柳成荫，一位老翁坐在柳荫下，手持一根钓竿正在垂钓，他神情怡然，自得其乐。烦恼少年走上前去询问："请问老翁，您能赐我解脱烦恼之法吗？"老翁看了一眼面前忧郁的少年，慢声慢气地说："来吧，孩子，跟我一起钓鱼，保管你没有烦恼。"烦恼少年试了试，依然不灵。

于是，他又继续寻找。不久，他听说方寸山仙云洞里有一个老人会解脱人的烦恼，他到了方寸仙云云洞，果然见一长髯老者独坐其中。烦恼少年长揖一礼，向老人说明来意，老人微笑着摸摸长髯，问道："这么说你是来寻求解脱的？"

"对对对！恳请前辈，请为我指点迷津。"烦恼少年说。

老人笑道："有谁捆住你了吗？"

烦恼少年先是愕然，而后回答："没有。"

"既然没有人捆住你，又谈何解脱呢？"老人说完，捋着长髯大笑而去。

人生最大的悲哀就是一生都在自我设限。这是对生命的一种浪费，也是对生命的一种践踏，所以，无论你现在所从事着怎样的工作，也无论你正在努力学习什么，你都需要静下心来认真地审视你自己，看看你究竟适合在哪一块土地上生长；当然了，你也需要对你脚下的土地进行一番考察，看看它是否适合你生长，看看在这里，你的人生是否会取得更大的进步。

所以，在现实生活中，我们要开拓视野，多去尝试一下，这样，你会生活得更好。

心灵点滴

生活本来很简单，我们生活得如此心累，只是我们自己心造的牢笼把自己囚禁了。

7. 控制情绪

有这样一个句话："他人气我我不气，我本无心他来气。倘若生气中他计，气出病来无人替。请来大夫将病医，他说气病治非易，气之为害太可惧，不气不气真不气。"但是现实生活中，有很多人却难以控制自己的情绪，结果使自己很容易地就沦为它的奴隶。

一头小狮子每天都大喊大叫，其他的小动物听了小狮子的喊叫，都感到很恐怖。

一天，小狮子又叫了起来"啊——呜，啊——呜"，其他小动物听到小狮子的叫喊声都赶紧捂上耳朵。

小兔子说："哎呀，小狮子又发脾气了！"

"是啊，小狮子每天这样叫喊好多次，他的肚子里一定是有一座'火山'，要不然怎么动不动就大喊大叫呢。"大家纷纷地说道。

于是，大家都来劝小狮子："小狮子，你这样每天大喊大叫可不好，时间长了会使你的心情变得更糟，到时候你的情绪就更难控制了。"

小狮子听了小伙伴们的劝阻说："我也知道这样不好，可是我就是管不住自己肚子里的'火山'。"

大家说："既然你控制不了自己的'小火山'，那让我们来帮助你吧！"

于是，小狮子参加了合唱团，和其他伙伴们一起唱歌，渐渐的，心情好了很多。为了不给自己的"火山"一丝一毫的时间，他又参加了健身团，和其他小动物们一起做体操、跑步等，他心情特别好，慢慢的，肚子里的"小火山"再也没有发作过。

人不可能事事顺心，肯定有许多这样那样的不如意，在这个时候，人就很容易被触怒、大动肝火，甚至大发脾气。其实，我们可能都清楚，发脾气并不能解决任何问题，甚至有可能使本来简单的问题更加复杂化。所以，这个时候，如果我们是一位高情商者，我们就可以通过控制自己的情绪给不好的东西一个合情合理的解释，保持冷静，抑制自己激动的情绪，使自己的心情一直处于一种蓝天般的开朗状态。

当然了，人并非注定要成为他情绪的奴隶或者喜怒无常心情的牺牲品，如果你断然拒绝这些剥夺你幸福的愤怒，如果你紧守自己的门户，将愤怒拒之门外，那么你就能以冷静战胜愤怒，让平和扫去所有的怒气。

下面是一些克服、处理并控制情绪的方法：

1. 学会完全主宰自己。控制自己的情绪，要经过一个艰苦而漫长的思考过程。这个思考过程是很难的，因为，生活中有许多力量试图破坏个人的认知，使你从孩童时候一直到成人都相信自己是无法克服情绪的，无法克服这些情绪就只好接受它们。在这里要强调的是：你必须相信自己能够在一生中的任何时刻，按照自己选定的方式去认识事物，只有这样，你才能做到主宰自己。

2. 成功者一般都善于为自己的情绪寻得适当的表现机会。如有的人在激动的时候，会去做些需要体能的活动或运动，这可使因紧张而动怒的情绪获得一条出路；有的人在情绪不安的时候会去找要好的朋友谈谈，倾吐胸中的抑郁，把话说出来以后，心情也会平静许多；还有的人借观光游览来使自己离开那容易引起激动的环境，避免心理上的纷扰，等到旅游归来，心情不复紧张，同时事过境迁，原有的问题或许也已显得微不足道，不再为之烦心了。

3. 你可以进行独立思考，或者说是你可以控制自己的思想。你的情绪受制于你的思考，你是能够控制你的情绪的。你认为是某些人或事给你带来悲伤、沮丧、愤怒、烦恼和忧虑，这种想法可能是不正确的。你完全可以改变自己的思想，选择自己的感情，新的思考和情绪就可以随之产生。一个健全和自由的人总是不断地学习用不同的方式处理问题，这样才能使你学会主宰自己。

4. 假如你是乐观的人，那么你就能够找到控制自己情绪的方法，而且每时每刻都能为值得去做的事而生活着，那么你便是个聪明的人。能够顺利地解决问题，当然能为你的幸福增添光彩。如果无法解决某个特别的问题时，乐观的你仍充满信心，其实你已将自己的情感稳操在手。能够为自己的选择感到幸福时，你的情绪一定是稳定的、真实的。

 心灵点滴

我们的情绪会跟随每日的生活波动而变化，无论是正面，还是负面的情绪，都会对我们的生活造成各种影响，因此我们必须学会控制情绪。

8. 解开心结

"结"这个词是指内心的结石、束缚或者疙瘩。比如，当你有某种缺陷或者当你有某种不健康的心理时，你往往会喜欢独处，不喜欢参加社交活动，不喜欢和大家一起说话聊天……总之，无论在何时，你都喜欢把自己封闭在自身的小圈子里。此时，一个"结"或者说一个疙瘩也就在你心中形成了。一旦这种"结"在你心中形成而又无法解开，那么这个"结"最终会使你受到伤害；相反，如果你能把这个结解开，那么最终受益的也将是你自己。

相传古时候，有一个长发公主叫雷凡莎，她头上长着很长很长的金发，长得很美。雷凡莎自幼被囚禁在古堡里，和她住在一起的老巫婆天天念叨雷凡莎长得很丑。

一天，一位年轻英俊的王子从古堡下经过，被雷凡莎的美貌惊呆了。从这以后，他天天都要到这里来，雷凡莎从王子的眼睛里认清了自己的美丽，同时也从王子的眼睛里发现了自己的自由和未来。

有一天，她终于放下头上长长的金发，让王子攀着长发爬上城堡的顶端，把她从古堡里解救出来。

心结，在细心与努力中，终究会有解开的一天，而解开的时刻，也就是你人生新的开始。囚禁雷凡莎的不是别人，正是她自己，那个老巫婆就是使她迷失自我的心里的魔鬼，她听信了魔鬼的话，以为自己长得很丑，使她无法示人，所以把自己囚禁在古堡里。解开心结，走出自我封闭的小圈子，感悟广阔天地的美好，你会走入另一个世界，发现不一样的自己。

现代人似乎每天都生活在一个又一个相对封闭的空间里。自闭总是给我们的生活和人生带来无法摆脱的沉重的阴影，让我们关闭自己情感的大门，没有交流和沟通的心灵只能是一片死寂。自闭的心灵拒绝了我们融入群体，封杀了我们接触中的所有机会。在自闭中，我们不仅毁掉了自己的一生，也让周围的朋友、亲人一起加入到了忧伤的队伍，从而葬送了一生的幸福。走出自我封闭的圈子，注意倾听自己心灵的声音，并大胆表现它的美好和幸福，就必须从走出自闭、打开自己的心门开始。

享受
不再纠结的
人生

如何解开心结呢？从心理学角度看，战胜自闭的方法大致有以下五种：

1. 实事求是地评价自我

摆脱完美主义的束缚，不要妄想十全十美，以一种平和的态度对待自己，承认自己的长处和不足。任何人都无法做到没有一丝缺陷。或许你在这方面不如别人，但别人或许在另一方面不如你。所以，不要对自己要求过高，在过高的要求无法实现的时候，失败感自然就会产生，自卑心理也不可避免。

2. 转移注意力

在充分认识到自己的长处和短处后，就不要把注意力始终停留在自己的短处上。你停留的时间越长，黑色的阴影就越重。发挥你的长处，体现你的人生价值，更能让你肯定自我，从而克服自卑。

3. 心理治疗

自卑感太强则成为一种心理疾病，一般的自我心理调节可能作用不是很大，需要通过心理医生进行治疗。具体的步骤是先通过对往事的回忆，找出产生自卑的原因，其目的是让自卑者自己突然意识到自卑的原因并不是情况很糟，而是由于潜意识中产生了心理障碍。

4. 用行动找回自信

具体而言，主动找一些简单并且比较容易成功的事情做，逐渐增强自信心。一个人产生自卑的另一个原因是遭受挫折和失败，所以可以通过逐步获得的成功找回自信。随着自信的增加，自卑就相应地随之减少。

5. 补偿法

这是一种最常见、最有效的方法，主要通过自己努力奋斗，在某一方面取得一定成就来补偿生理上的缺陷或心理上的自卑感。伟大的音乐家贝多芬就是一个很好的例子，在听觉完全丧失的情况下，他仍克服困难创作了著名的《第九交响曲》。

心灵点滴

很多人之所以生活快乐，不是因为他没有经历过磨难，而是因为他能够用意志和适当的科学方法解开心结，走出阴影地带。

9. 简单生活， 愉快生活

每个人都希望自己是快乐的，可生活中的实际情况是，我们都太忙了，往往淡忘了快乐这件事。对很多人来说，生活中的最大困难就是如何在简单和平凡中寻找到快乐。

一次，弘一大师因战事而滞留宁波七塔寺，应老友相邀，在夏先生住所小住数日。其间，弘一大师用餐时，享用的仅是一碗米饭、一盘素菜和一杯白开水。

有一回，夏先生看在眼里，实在于心不忍，便说："一碟腌萝卜，你就不觉得太咸吗？"

"咸有咸的滋味。"弘一大师平静地回答。

"不添茶叶，白开水就不嫌太淡吗？"

"淡有淡的味道。"弘一大师淡淡一笑。

从这个故事中，我们可以看出简单才是生活的真味。

我们大多数人可能都会经常性地考虑一个问题，即人活着到底为了什么。

可能你会说："人活着就是为了成功。"

成功可以是一个人生活的终极目的，但是，简单才是人一生的真谛。

愉快地享受生活，运用有限的时间、收入和精力，创造一种舒适、有效的生活方式。其实，简单就是一种潇洒，是一种生活的艺术和生活哲学，简单生活是一种快乐的生活选择，无论是在田间隐居，还是过一种返璞归真的生活，或者自愿选择一种一贫如洗的生活，他都会感受到社会生活的快乐。

简单生活首先要求的是外部生活环境的简单化。当你不需要为外在的生活花费更多的时间和精力的时候，这在一定程度上也就为你内在的精神生活提供了更大的空间和平静。这时的我们可以从一个更深的层次去认识自我的本质。医学已经证明，人的身体和精神其实是非常紧密地联系在一起的，当人的身体被调整到最佳状态时，精神也有可能进入一种轻松的时刻；反过来说当人的身体和精神进入到一种最佳状态的时候，人的生命力才可能简单化，然后再达到一种更高的境界，即愉快生活的阶段。

从这个意义上来考查一个人能否真正愉快地生活，并不在于其物质生活，而主要取决于一个人的生活观念、生活态度和生活方式。所以，即使身在闹市，如果你已经适应了这种高度的生活，也没有关系，更没有必要让你倒退到刀耕火种的农耕时代，你需要换一种角度、换一种活法，去改变那些真正需要改变的、繁杂的、无实在意义的生活，然后，全身心地投入到自己的生活中去，你就可以享受到简单而愉快的生活。

所以，无论是生活在落后的乡村还是繁华的都市，也无论你是贫穷还是富有，无论你生活在一个超级大国还是一个发展中国家，你都可以享受到生活的酸甜苦辣，你都可以充分体会冰浴阳光雨露的滋味，体会到人与人之间的温情与关爱，体会到活着的真正的意义。

成功可以是人一生的终极目标，而愉快地生活着则是成功的终极目标。依照这个标准，我们又可以说，凡是能够愉快地生活着的人，都是成功的。他可能没有很多钱，也没有显赫的地位，没有远播的名声，但他能够愉快地生活，能够邀来愉快并保持愉快，他就是成功的。

这就是所谓的"愉快生活原则"。

为了自己能够愉快地生活，必须首先尊重和欣赏别人的愉快。你的周围如果充满着愉快的氛围，这种氛围足以驱散一切忧虑和不安的阴云，足以使空气中都弥漫着愉快。

自己愉快地生活着，切不要总是想改变别人，企图将自己的思想、情感强加给他人，因为每个人对生活的理解不完全相同。当然，你可以从适应愉快的环境氛围的角度去尝试着影响和感染别人。如果这么做依旧没有效果，也不必强求。因为，每个人都有自己的上帝，这个上帝就是他自己。

愉快地生活着，但不要争着去做"愉快的领袖"。你如果能给身边的人带来愉快固然可贵，但若能响应周围愉快气氛的召唤更是难能

第六章
挣脱，打破心灵的瓶颈

可贵。只要你有一双发现愉快的慧眼，能从周围的生活中不断发现令人愉快的事情，你就能持续地愉快着。

不要埋怨任何不能给你带来愉快的人。这也是愉快生活着的一个重要原则，道理很简单，因为你并不是能给所有人带来愉快的人。因而，面对这些人你大可不必耿耿于怀，而只要他们不影响你愉快的生活就行，也不必试图将他们改变，因为人是难以改变的。

面对难免的不愉快因素，你不妨将它放一放。这种做法，也不失为愉快地生活着的一条原则。有些事情，比如人际关系中的不和谐，只要发展下去不会扩大为影响更大的生活事件，冷却一下，于人于己可能都会有好处。

简单生活，愉快生活，看似简单，真正做起来就不那么简单了。但是，如果你能够简单生活、愉快生活，这将是我们最大的财富！

心灵点滴

生活越简单，我们的生活就会越自然、越真实、越快乐。

10. 别太在意， 别为小事心烦

要知道，这种过于在意和计较的毛病一旦养成，天长日久，许多小烦恼就会铸成大烦恼。其实，有些事是否能引来麻烦和烦恼，完全取决于我们自己如何看待和处理它。所谓事在人为，为与不为结果大相径庭。这就需要我们首先学会不在意，换一种思维方式来面对眼前的一切。

孩子哭起来没完，母亲哄了半天，但仍不奏效。父亲一边忙碌，一边叮嘱孩子的母亲："哄哄孩子，别让孩子再哭了。"母亲没有说什么，继续哄孩子，但孩子仍然哭个不停。

父亲依然边忙碌着自己的事情，还在一边不断地叮嘱着孩子的母亲。孩子的母亲心中不高兴了，说："哄孩子，哄孩子，就知道说别人，你不能过来哄哄啊，我一天天围着孩子转，烦都烦死了。"孩子的父亲一听，"哗啦"一声，把所有的东西丢在地上摔门而去。

在我们的生活中，这样的例子并不少见，细细想来，当然是因小失大，得不偿失的。我们不得不说，生活中的人实在有点儿小心眼儿，太在意身边那些琐事了。其实，许多人的烦恼，并非是由多么大的事情引起的，而恰恰是来自对身边一些琐事的过分在意、计较和较真儿。

比如，在有些人那里，别人说的话，他们喜欢句句琢磨，对别人的过错更是加倍抱怨；对自己的得失喜欢耿耿于怀，对于周围的一切都很敏感，而且总是曲解和夸大外来信息。这种人其实是在用一种狭隘、幼稚的认知方式为自己营造着可怕的心灵监狱，这是十足的自寻烦恼。他们不仅使自己活得很累，而且也使周围的人活得很无奈，于是他们给自己编织了一个痛苦的人生。

其实，在这一点上，古代的智者们早已有了清醒而深刻的认识。早在两千多年前，雅典的政治家伯里克利斯就向人们发出振聋发聩的警告："注意啊，先生们，我们太多地纠缠小事了！"以后，法国作家莫鲁瓦更是深刻地指出："我们常常为一些应当迅速忘掉的微不足道的小事所干扰而失去理智，我们活在这个世界上只有几十个年头，然而我们却为纠缠无聊琐事而白白浪费了许多宝贵时光。"这话实在发人深思。太在意琐事的毛病严重影响了我们的生活质量，使生活失去光彩。显然，这是一种最愚蠢的选择。

别太在意，就是别总拿什么都当回事，别去钻牛角尖儿，别太要面子，别事事较真儿、小心眼；别把那些微不足道的鸡毛蒜皮的小事放在心上；别过于看重名与利的得失；别为一点儿小事而着急上火，动辄大喊大叫，以致因小失大，后悔莫及；别那么多疑敏感，总是曲解别人的意思；别夸大事实，制造假象；别把与你爱人说话的异性都打入"第三者"之列而暗暗仇视之；也别像林黛玉那样见花落泪、听曲伤心，那么多愁善感，总是顾影自怜。要知道，人生有时真的需要一点儿大气。

别太在意，也是在给自己设一道心理保护防线。不仅不去主动制造烦恼来自我刺激，即使面对一些真正的负面信息、不愉快的事情，也要泰然处之，做到"身稳如山岳，心静似止水"，"任凭风浪起，稳坐钓鱼台"。

这既是一种自我保护的妙法，也是一种坚守目标、排除干扰的妙策。我们的精力是毕竟有限的，假如处处纠缠琐事，被小事所累，我们一生必将一事无成。

别太在意，也是一种豁达、大量与宽容。海纳百川，有容乃大。有宽广的胸怀和气度，是很容易告别琐屑与平庸的。而当你学会了豁达与宽容，自然会产生轻松幽默，从而洋溢出一种性格的魅力。

别太不在意，最终体现的是一种修养、一种高贵的人格、一种人生大智慧。那些凡事都与人计较、锱铢必较的人，自以为很聪明，其实是以小聪明干大蠢事，占小便宜惹大烦恼；而不在意，乃是不争，无为之为，大智若愚，其乐无穷！

不在意的人，是超越了自我的人，也是活得潇洒的人。因为免了琐事的羁绊和缠绕，也就使自己获得了解放，自有一片自由的天地任你驰骋。

当然，不在意并不等于逃避现实，不是麻木不仁，不是看破红尘后的精神颓废和消极遁世，不是对什么都冷若冰霜、无动于衷的"局外人"；而是在奔向大目标途中所采取的一种洒脱、豁达的生活策略。倘能如此，自然会拥有一个幸福美妙的人生。

心灵点滴

一件事想通了就是天堂，想不通就是地狱。既然活着，就要活好。

11. 心态归零

心态归零，就是空杯心态，重新开始。什么样的心态决定我们过什么样的生活，而生活其实就是不断地重新再来。归零，我们会进入新的生活；归零，我们就会持续进步；归零，我们就能战胜困难，逃离困境，取得成功。

上帝把1、2、3、4、5、6、7、8、9、0这10个数字摆出来，让10个人去取，并说道："一人只能取一个。"人们一拥而上，把9、8、7、6、5、4、3都抢走了。

抢到2和1的人，都说自己运气不好，得到的太少了。

可是，有一个人却心甘情愿地拿走了0。

有人说他傻："拿个0有什么用？"

有人笑他痴："0是什么也没有呀！要它干啥？"

这个人说："从0开始嘛！"于是，他就埋头苦干起来。

他获得了1，有0就成为10；他获得了5，有0就成了50。他全心全意地干着，踏踏实实地向前。他把0加在他获得的数字后面，就10倍10倍地增加收入。他终于成为最富有、最成功的人。

一个人活在世界上，首先必须具备良好的心态，如果想要取得更大的成就，就要让自己的心态归零，从零开始经营自己、经营人生，这样你才能取得成就。

不仅如此，生活中也需要随时清理自己，别让过去太多的荣耀或者悲伤纠缠自己，清空过去的一切，让新的事情注入到自己心里，从而正确认识自我。

古时候有一个佛学造诣很深的人，去拜访一位德高望重的老禅师。老禅师的徒弟接待他时，他态度傲慢。后来老禅师恭敬地接待了他，并为他沏茶。可在倒水时，明明杯子已经满了，老禅师还不停地倒。他不解地问："大师，为什么杯子已经满了，还要往里倒？"大师说："是啊，既然已满了，干嘛还倒呢？"访客恍然大悟。

人需要让自己的心态归零，重新认识自己。认识自己很重要，但认识自己却很困难。生活中，一个人如果能够让自己的心态归零，这就是对自己的重新认识。

我们每个人每天忙忙碌碌，没有时间反省自己，常常被生活的实际问题所困扰，不知道自己还具有一种可以改变一切的能力，正是这种能力的获得，使人的思想和情感有了向高尚和纯粹境界提升的可能。

但是，人往往不懂得让自己的心态归零，所以人缺乏发现自己的能力，也就是缺乏对自己的审查、怀疑、反省、忏悔的能力，缺乏深入探究事物真相和本质的能力。人会被自己蒙蔽，糊里糊涂地虚耗和损害自己的生命，甚至给别人、社会带来伤害。

心态归零，认识自己，就是发现另一个自己，发现假面具后面一个真实的自己，发现一个分裂自己的各个部分，发现自己的局部、偏见、愚昧、丑陋、冷漠、恐惧，发现自己的热情、灵感、勇气、创造

力、想象力和独特个性。实际上，一个人多多少少是分裂的，在分裂的各个自我之间进行平等、理性地对话，正是一个人的内省过程，正是一个人的悟性从晦暗到敞亮的过程。

心灵点滴

空杯心态，从零开始。回到原点，创造无限可能。

12. 积极的自我暗示

从心理学角度来讲，所谓"暗示"就是指通过人体的语言、行为、心理或者是环境的特殊语言，对人们的心理和行为产生影响的过程。自我暗示指通过主观想象某种特殊的人与事物的存在来进行自我刺激，达到改变行为和主观经验的目的。

一天，她陪着妈妈去看牙医，这本来是个很小的事情，她以为一会儿就可以跟妈妈回家了。但是我们知道，牙病是会引发心脏病的。可能她的妈妈之前没有检查出来存在这种隐忧，结果让小女孩看到的是惊人的一幕：她的妈妈竟然死在了牙科的手术椅上！

这个阴影在她的心中一直存在着。也许她没有想到要看心理医生，也许她从没有想过应该根治这个伤痛，她能做的就是回避、回避、永远回避，在牙痛的时候从来不敢去看牙医。

后来她成了著名的球星，过上了富足的生活。有一天她被牙病折磨得实在忍受不了，家人都劝她：就请牙医到家里来吧，咱们不去诊所，这里有你的私人律师、私人医生，还有所有亲人陪着你，你还有什么可怕的呢？于是请来了牙医。

然而，意外的事情发生了：正当牙医在一旁整理手术器械、准备手术的时候，一回头，她已经死去。

当时的报纸，记述这件事情时用了这样一句评价：

她是被四十年来的一个念头杀死的。

这就是心理暗示在作怪而导致的结果。一个遗憾能被放大到多大呢？它可以成为你生命中一个阴影，影响到你的生命质量。

心理专家说，生活中充满了暗示，我们时刻都在经受着暗示的影响。比如，当一个人遇到困难，认为自己难以度过的时候，他可能会时刻想着自己难以度过。一个时刻给自己设限的人、给自己消极暗示的人，是难以取得更高成绩的；相反，一个人时刻给自己积极的自我暗示，那么对他来说，任何困难都可逾越。因此，去掉消极的暗示，多给自己灌输积极的暗示，相信自己、鼓励自己是每一个爱自己的人给自己的最好的礼物。

在运动项目中，举重项目之一的挺举就有一种"500磅（约227公斤）瓶颈"的说法。也就是说，以人体的体力极限而言，500磅便是一个很难超越的瓶颈。所以，世界上力气再大的人也只能举到499磅，而无法超越500磅的界线。但是，前499磅的纪录保持者巴雷里比赛时所用的杠铃，由于工作人员的失误，使杠铃的总重量实际上超过了500磅。这个失误被证实后，巴雷里非常震惊，没想到自己竟能

举起超过 500 磅的杠铃。可是，当这个消息向公众发布之后，世界上又相继出现了 6 位举重好手，并在一瞬间就举起了一直未能突破的 500 磅杠铃。

还有一位撑竿跳的选手，一直苦练都无法越过某一个高度。他失望地对教练说："我实在是跳不过去了。"

教练问他："你心里在想什么？"

他说："我一冲到起跳线时，看到那个高度，就觉得我跳不过去。"

教练告诉他："你一定可以跳过去。把你的心从竿上摔过去，你的身子也一定会跟着过去。"

他撑起竿又跳了一次，果然一跃而过。

从这两个故事中，我们可以看出积极和消极的暗示具有同样强大的力量，所以，人能否挣脱自己，完全取决于自己的自我暗示。积极的暗示能把好事吸引到身边，消极的暗示会带来坏的结果。

自我暗示按照性质来分，可以分为积极的自我暗示和消极的自我暗示两种。积极自我暗示就是对待任何事物都能看到其积极的一面，并从积极的角度去思考和解决问题。科学家对那些成就卓越的人做过很多研究，结果表明，他们在关键时刻都能进行积极的自我暗示，都能给自己增强信心，因此他们能战胜无数的困难，获得最终的成功；消极暗示则与之相反，它更容易让人产生消极的心理，容易使人走向失败的深渊。

心灵点滴

相信自己，你就会成功。让积极自我暗示，助你一臂之力。

13. 认识自己，改变命运

世上从来就没有救世主，能拯救你的人只能是你自己。所以，我们不能让他人来主宰自己的命运，不能把成功的指数押在他人身上，要主宰自己的命运，驾驭自己的命运，要认识自己，改变自己的命运，使自己得到自己想要的一切。

有一个人在屋檐下躲雨，忽然看见观音正撑着一把伞从身边走过。那人连忙说："观音菩萨，普度一下众生吧，请带我一程，以解救我淋雨之苦，如何？"

观音回答说："我在雨里，你在檐下，而檐下无雨，你无须我度。"

于是，那人立刻跳出屋檐下，站在雨中："现在我也在雨中，该救我了吧。"

观音又说："你在雨中，我也在雨中，我不被淋，因为有伞；你被雨淋，因为无伞。所以不是我度自己，而是伞度我。你要想度，也去找把伞。"说完便消失在雨中。

第六章
▼▼▼
挣脱，打破心灵的瓶颈

第二天，这人碰到了一件棘手的事，他又想到了观音，便去庙里祈求观音。一进庙，发现庙里观音像前也有一个跪拜者，那人长得和观音一模一样。

这人走上前去问道："你是观音吗？"

"我正是观音。"那位跪拜者答。

"那你为什么还自己拜自己？"

观音笑道："我也遇到了难事，但我知道，求人不如求己。"

在人生的大海上，你就是命运之船的掌舵手。为什么这么说呢？举一个例子来说，有时候，为了一个包子，也许命运就发生了变化。一个包子，拿去帮助饥饿的人，对方解决了温饱问题，反过来感谢你，你就得到了善缘。一个包子，你拿去扔到别人脸上，自己惹来祸患。一个包子，不同的用法会给一个人带来不同的命运。所以说，改变命运，要靠自己。一个人未来的走向，要靠坚定不移的信念和踏实的工作态度，而与你的出身无关。命运不是注定的，一个人也许不可以改变自身的出身，但能改变自己的命运，关键就是一定要有改变自己命运的想法与行动。

从前，有一位十分贫穷的年轻人。一天，他在地里干活的时候遇到了一位算命先生，于是他请求算命先生为他算一算自己将来的命运。那位算命先生闭着眼睛算了一会儿，然后睁开眼睛说："你注定一生贫困，到最后孤独而死。"年轻人一听算命先生说的话，心里马上凉了下来，所有的斗志都丧失了。心想：反正人生也就是这样了，还奋斗干吗，努力与不努力最终的结局都是一样，命中早已注定。后来他索性连地也不种了。此后，每天从早到晚喝得烂醉如泥，整天晕晕乎乎、无精打采。

一年后的一天，村子里来了一个和尚，他看到这个年轻人整天喝酒，潦倒度日，就问："你为什么不去地里干活呢？为什么天天喝这么多酒？"年轻人说："我为什么要去地里干活，我的命运在一年前就知道了，无论我怎样努力，最终都是贫困一生，还下地干活做什么？"和尚听了年轻人的话后说："你错了，因为你完全误解了算命之人的话，算卦并不能预测你将来的命运，因为卦本来就代表着变化，如果命运是一成不变的，那又怎么能用卦算得出来呢？所以说，命运每天都在变化，不仅如此，它还朝着你所希望的方向转变。"年轻人听了和尚的教诲，觉得很有道理，心里也舒坦了很多。

从此，年轻人不再喝得烂醉如泥，不再昏昏沉沉地度日，而是一边下地干活，一边看一些高考的书，结果他的命运发生了根本性的转变，算命先生的卦根本没有应验。

这个故事告诉我们，命运完全掌握在自己的手中，你想让它朝着什么样的方向发展，那么它就会朝着什么样的方向发展。关键是你要学会认识自己，要珍惜自己生存在这个世界上的机会和时间，在这种对生命的珍惜中，学会认识自己，改变自己的命运。

古往今来，人们一直都在思考命运、关注命运，希望自己能够有一个好命运。但是，什么是命运？这个问题却一直没有人能够作出正确的回答。过去，我们一直都认为人的命运是上天安排好了的，每个人都只能服从，不可违背，不可逆天行事。所以，我们大多数人一直过着被动的日子，我们无力改变自己，也不敢想着改变自己。直到有一天，我们穷得实在忍不下去了，我们被人欺压得实在过不下去了，

享受
不再纠结的
人生

我们痛苦得实在无法忍受了，就发愤一搏，突然，命运就改变了。于是，人们就发现，命运是个欺软怕硬的东西，命运不是由上天决定的，而是自己决定的。

心灵点滴

一切都是人自己造成的，要想让自己的命运发生变化，前提就是要正确认识自己。

第七章

放下，人生无需太圆满

在人生路上，很多时候得亦是失，失亦是得，得中有失，失中有得，在得与失之间，我们无须不停地徘徊，更不必苦苦地挣扎。我们应该用一种平常心来看待生活中的得与失，要清楚对自己来说什么才是最重要的，然后主动放弃那些可有可无、不触及生命意义的东西，以求得生命中最有价值、最纯粹的东西。

1. 拿得起，放得下

放下，是一种睿智，是一种豁达。放下，对心境是一种宽松，对心灵是一种滋润，它驱散了乌云，它清扫了心房。有了它，人生才能有爽朗坦然的心境；有了它，生活才会阳光灿烂。所以，朋友，别忘了在生活中还有一种智慧叫"放下"！

有一位旅者，经过险峻的悬崖，一不小心掉落山谷，情急之下抓住崖壁下的树枝，上下不得，祈求佛陀慈悲营救。这时佛陀真的出现了，伸出手过来接他，并说："好，现在你把抓住树枝的手放下。"但是旅者却执意不松手，他说："把手一放，势必掉到万丈深渊，粉身碎骨。"

旅者这时反而更加抓紧树枝，不肯放下。这样一位执迷不悟的人，佛陀也救不了他。

人生是复杂的，其实又很简单，甚至简单到只有取得和放弃。应该取得的完全可以理直气壮，不应取得的则当毅然放弃。但人心是贪婪的，在欲望的驱使下，尽管需要的东西不多，但是想要的东西却很多，再加上不应该要的也要，不能够要的也要，结果一旦得不到心理上的满足，便会生出诸多烦恼与痛苦。其实，太多的欲望是人生的一杯苦酒，只要懂得放下，便会收获诸多的快乐与淡定。

有一位农夫和一位商人在街上寻找财物。他们发现了一大堆未被烧焦的羊毛，两个人就各分了一半背在自己的背上。归途中，他们又发现了一些布匹。农夫将身上沉重的羊毛扔掉，选些自己扛得动的较好的布匹；贪婪的商人将农夫所丢下的羊毛和剩余的布匹统统捡起来，重负让他气喘吁吁、行动缓慢。走了不远，他们又发现了一些银质的餐具。农夫将布匹扔掉，捡了些较好的银器背上；商人却因沉重的羊毛和布匹压得他无法弯腰而作罢。这时，天降大雨，商人身上的羊毛和布匹被雨水淋湿了，他踉跄着摔倒在泥泞当中，而农夫却一身轻松地回家了。农夫变卖了银餐具，生活富足了。

其实，生活并不需要太多的执著，在生活中，我们要懂得拿得起放得下。拿得起放得下不仅是一种勇气，而且也是一种智慧。没有什么是不能割舍的，也没有什么是可以永远拥有的，有的只是我们心里的一种选择。人生有尽，精力有限，如果我们把名誉、财富、权势、地位、爱情等统统抓在手中，就无法腾出手脚去创造，负重太多就难以远行。为了达到我们更远大的目标，充分实现我们的人生价值，我们要有拿得起放得下的勇气。

都说人生太苦，那是因为我们都把自己的人生复杂化了，但是只要我们愿意，人生也可以很简单，有时简单到只有取得和放弃。当你放弃苦苦追求的权利而随遇而安时，得到的会是宁静和淡泊；当你放弃对金钱无止境的掠夺时，得到的会是心安和快乐；当你放弃身边如云的美女时，得到的就会是家庭的温馨和美满……很多时候，放弃是一种终结，但也是一种新的契机。但是人的天性是习惯于得到，而不习惯于失去的。我们比较容易把得到的看做是应该的，把失去的看做是不应该的、不正常的。但如果我们永远凭着过去生活的惯性、日常世故的经验生活，固守已经获得的功名利禄，想要获取所有的权钱职

位，什么利益都要去争，什么样的生活方式都想尝试，什么朋友熟人都不愿得罪，这样我们就会疲于应付，把很多时间和精力都花在无谓的纷争上。

我们要对这些生活中的"杂草"有所选择地对待。选择其实就是一个"放"与"取"的过程。该放什么，该取什么，说到底是一种人生艺术。放弃就是为了更好地选择。只要你在自己的人生道路上找到适合自己的人生坐标，你就能够充分发挥自己的聪明才智，改变自己的命运，从而到达成功的彼岸。

这就是拿得起放得下。我们的人生路上，会面对大千世界里的万种诱惑，该放就放，往往你会收获更多。

 心灵点滴

得是乐，失是苦；但是有时得并非真乐，失亦非真苦。时机若已改变，得会转变为苦，失会转变为乐。

2. 剪掉生命中的枯枝败叶

生活的辩证法就是这样，放弃与获得结伴而行、相辅相成。放弃是一把剪刀，只有剪除生命之树上的枯枝败叶后，才能更显生机勃勃。

冬天的果园里，一位老人将梯子架在果树上，他"咔嚓咔嚓"地把果树上的一些枝条剪下来。

一个小孩儿拿起一根枝条，说："伯伯，它们长得好好的，为什么把它们剪掉？多可惜呀！"

老人说："孩子，剪掉一些，果树才能长得更好呢！"

"剪掉生命中的枯枝败叶"就是当遇到"千斤重担压心头"时，能把心理上的重压卸掉，轻松自如地前行。生活中不顺心的事十有八九，要做到事事顺心，就要拿得起放得下，不愉快的事让它过去，不要放在心上。其实，剪掉生命中的枯枝败叶不仅是一种觉悟、一种解脱，更是一种快乐。

从前有一位富翁，名字叫愚翁。愚翁虽然非常有钱，却常常自怜，他可怜自己空有钱财，却从来没有体会过真正的快乐。

愚翁常常想："我有很多钱，可以买到许多东西，为什么买不到快乐呢？如果有一天我突然死了，留下一大堆钱又有什么用呢？不如把所有的钱拿来买快乐，如果能买到一次全然的快乐，我死也无憾了。"

于是，愚翁变卖了大部分家产，换成一小袋钻石，放在一个特制的锦囊中。他想："如果有人能给我一次纯粹的快乐，即使是一刹那，我也要把钻石送给他。"

愚翁开始旅行，到处询问："哪里可以买到快乐的秘方呢？什么才是纯粹的快乐呢？"

他的询问总是得不到满意的答案，因为人们的答案总是庸俗而相似的：

你如果有很多的金钱，就会快乐。

你如果有很大的权势，就会快乐。

你拥有的多，就会快乐。

因为愚翁早就有了这些东西，却没有快乐，这使他更加疑惑："难道这个世界没有纯粹的快乐吗？"

有一天，愚翁听说在偏远的山村里有一位智者，无所不知，无所不晓。

他就跑进村去找那位智者，智者正坐在一棵大树下闭目养神。

愚翁问智者："智者！人们都说你是无所不知的，请问在哪里可以买到快乐的秘方呢？"

"你为什么要买快乐的秘方呢？"智者问道。

愚翁说："因为我很有钱，可是很不快乐，我从未经历过纯粹的快乐，如果有人能让我体验一次，即使只是一刹那，我也愿意把全部的财产都送给他。"

智者说："我这里就有全然快乐的秘方，但是价格很昂贵，你准备了多少钱，可以让我看看吗？"

愚翁把怀里装满钻石的锦囊拿给智者，没有想到智者连看也不看，一把抓住锦囊，跳起来，就跑掉了。

愚翁大吃一惊，过了好一会儿才回过神来，大叫："抢劫了！救命呀！"可是在偏僻的山村根本没人听见，他只好死命地追赶智者。

他跑了很远的路，跑得满头大汗、全身发热，也没有发现智者的踪影，他绝望地跪倒在山崖边的大树下痛哭。没有想到费尽千辛万苦，花了几年的时间，不但没有买到快乐的秘方，大部分的钱财又被抢走了。

愚翁哭到声嘶力竭，当他站起来的时候，突然发现被抢走的锦囊就挂在大树的枝丫上。他取下锦囊，发现钻石都还在。一瞬间，一股难以言喻的、纯粹的快乐充满他的全身。

正当他陶醉在全然的快乐之中时，躲在大树后面的智者走了出来，问他："你刚刚说，如果有人能让我体验一次全然的快乐，即使只是一刹那，你愿意送给他所有的财产，是真的吗？"

愚翁说："是真的！"

"刚刚你从树上拿回锦囊时，是不是体验到了全然的快乐呢？"智者又问。

"是呀！我刚刚体验了全然的快乐。"

智者说："好了，现在你可以给我你所有的财产了。"

古语说："宠辱不惊，看庭前花开花落；去留无意，望天上云卷云舒。"这句话就道出了剪掉生命中的枯枝败叶的快乐，作为现代人，我们为何不像他们一样，学会剪掉生命中的枯枝败叶来给自己增加点心理弹性呢？这样，你就会在生活中少一份烦恼，多一份快乐。

心灵点滴

我们常说一个人要学会剪掉生命中的枯枝败叶，而在付诸行动时，留着它们容易，剪掉生命中的枯枝败叶却难。生活中不顺心的事十有八九，要做到事事顺心，就要把该剔除的剔除掉，让不愉快的事过去，不把它放在心上。

3. 得中有失， 失中有得

人生在世，有得有失，有盈有亏。有人说得好，你得到了巨额财产，同时就失去了淡泊清贫的欢愉；你得到了事业成功的满足，同时就失去了眼前奋斗的目标。我们每个人如果认真地思考一下自己的得与失，就会发现，在得到的过程中也确实不同程度地经历了失去。可以说，整个人生就是一个不断失去与得到的过程。一个人只有学会失去，才能从失去中获得。

有这样一个测试：在一个暴风雨的夜里，你驾车经过一个车站。车站上有三个人在等公车，其中一个是病得快死的老妇人，一个是曾经救过你命的医生，还有一个是你长久以来的梦中情人。如果你只能带走其中一个乘客，你会选择哪一个？

答案里面说，很多人都只选其中唯一一个选项，而最好的答案是："把车钥匙给医生，让医生载老妇人去医院。然后陪我的梦中情人等公车。"

无论你选择什么，都注定会失去一些东西，也注定会在失去的同时获得一些东西。其实有时会得到什么、失去什么，我们心里都很清楚，只是觉得每样东西都有它的好处所在，势均力敌，哪样都舍不得放手。要知道，世界上不会有那么好的事，我们往往只能在某一时刻选择一样东西，所以，人生有了许多烦恼与痛苦。因为得与失是矛盾的、相对的。两者相互排斥，却又相互联系，无法合在一起，但也无法全然分开。但是，智者都晓得，天下之事，有得必有失，有失必有得，所以，他们不会在得到时喜出望外，也不会在失去时痛苦不已。

"福兮，祸之所伏，祸兮，福之所依。"功名利禄，是非成败，得而失之，失而复得，都是经常发生的。在人生的漫长岁月中，每个人都会面临无数次的选择，这些选择可能会使我们的生活充满无尽的烦恼和难题，使我们不断地失去一些我们不想失去的东西。但同样这些选择却又让我们在不断地获得。我们失去的也许永远无法补偿，但是我们得到的却是别人无法体会到的独特的人生。因此面对得与失、成与败要坦然待之；凡事重要的是过程，对结果要顺其自然，不必斤斤计较、耿耿于怀。

心灵点滴

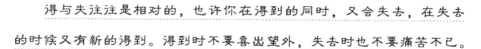
　　得与失往往是相对的，也许你在得到的同时，又会失去，在失去的时候又有新的得到。得到时不要喜出望外，失去时也不要痛苦不已。

4. 用减法生活

智者曰："两弊相衡取其轻，两利相权取其重。"趋利避害，这是放弃的实质。泰戈尔也说："当鸟翼系上黄金时，就飞不远了。"学会用减法生活是一种更好的拥有；学会用减法生活是一种超脱；学会用

减法生活是一种气度；学会用减法生活是一种人格的升华；学会用减法生活是一种人生的更高境界。

生活在五彩缤纷、充满诱惑的世界上，每一个心智正常的人都会有很多的理想、憧憬和追求。若把这些东西丢掉了，人生就会变得轻飘，没有任何的意义。但如果把所有的这些都背负着，最终有可能会累死在路上。这就需要我们学会人生的另一课——学会用减法生活。

汤姆是一名编辑，而且还小有名气。他写快乐的文字，因为他自己就是一个快乐的人。有一次，他的朋友说："玩足球彩票很有趣，只花 2 元钱就可以赢得很多钱。"

于是汤姆花 2 元钱买了一张彩票，并真的中了彩！他赚了 500 万。于是汤姆买了一幢房子，而且家居都是高档的。刚搬进新家的那天，汤姆很满意地坐下来，点燃一支香烟，享受着豪华所带来的快乐。可是，没一会儿，他觉得这么大的一个房子里却没有任何声音，显得有些孤单，他想去看看朋友。他把烟蒂往地上一扔——在原来是瓷砖地板的旧屋里他经常这样做——转身出去了。

燃着的香烟静静躺在地上，躺在华丽的土耳其地毯上。半个小时后，大火烧毁了整幢房子。朋友们很快知道了这个消息，他们都来安慰汤姆。"汤姆，真是不幸，我们对此感到很难过。"

"没什么好难过的。"

"可是，你现在什么都没有了，这么好的一幢房子一下就没了，损失太大了。"朋友们说。

"损失不大啊，只不过是 2 元钱而已。"汤姆回答说。

瞧，这就是用减法生活的好处。我们总是不知不觉地背上了许多其实与我们无关的包袱，而且还不愿意放下。渐渐地身上的负担越来越重，却还在抱怨别人。

因此，做一个明智的人，在"拿得起"那颇有分量的意外之财的同时，也同样应当学会用减法生活，从而使自己步入柳暗花明的新天地，作出另一种有意义的选择。这样，我们还有什么惆怅或遗憾呢？因此，可以说，要做到事事顺心，就要学会用减法生活。学会用减法生活是一种睿智，它可以放飞心灵，可以还原本性，使你真实地享受人生。学会用减法生活是一种选择，学会用减法生活是一种自我的放松，不懂得用减法生活，又何谈心灵的净化呢？

其实，生活就是这样，并不需要太多的执著，没有什么是不能割舍的，也没有什么是可以永远拥有的，有的只是我们心里的一种认知。人生应该懂得用减法生活，这是一种睿智，是一种豁达。

心灵点滴

懂得用减法生活是一个开心果，是一粒解烦丹，是一则欢喜禅。

5. 学会遗忘，人生才会更美好

"遗忘"是记忆心理学中的一个重要理念和环节。心理学研究表明，人的心理承受能力是有限度的，面临的冲突事件过多时就会烦躁、焦虑和紧张。如果我们终日生活在对往事痛苦的回忆中，反复咀嚼过

去的挫折，心情就会越发忧郁，对现实就会越发不满，心理就会更加不平衡。学会忘却，也就学会了宽恕自己、解救自己。人生短短几十年，何苦过得那么疲累，何不学会忘却？

古人云："人之有德于我也，不可忘也；吾有德于人也，不可不忘也。"这句话的意思是：别人对我们的帮助，千万不可忘了；反之，别人倘若有愧于我们的地方，应该学会忘记。

然而，我们这一代人，好像个个都太精明了。无论是待人或处世，很少检讨自己的缺点，总是记得对方的不是以及自己的欲求。其实到头来，大家还是很少如愿。因为，每个人的心态正彼此相克；如果这个社会中的每个人，都能够将对方的不是及自己的欲求尽量遗忘，多多检讨自己并改善自己，那么彼此之间将会产生良性的互补作用，这才是我们所乐意见到的。

学会遗忘，你就可以轻装前进，周全做事，赢得成功；学会遗忘，你就可以摆脱烦恼和纠缠，使整个身心沉浸在轻松悠闲的宁静之中；学会遗忘，会改善你的形象，使你显得豁达豪爽；学会遗忘会，会使你赢得众人的信赖；学会遗忘，会使你变得更加精明、更加能干、更有力量。老是念念不忘别人的坏处，实际上深受其害的是自己，不值得。乐于忘怀才能甩掉沉重的包袱，乐于忘怀才能精气实足地大踏步前进。

心灵点滴

乐于忘怀是一种心理平衡。生气是拿别人的错误惩罚自己。做人，就要学会遗忘。

6. 激流勇退

古语说："木秀于林，风必摧之；堆出于岸，流必湍之；行高于人，众必非之。"人出名了，必会招人侧目而视，是惹是生非的根由。所以，善于处世的人懂得在名利二字上适可而止，有所节制。不论做什么事情，到了应该罢手不干时，就要下定决心结束。"如今休去便休去，若觅了时无了时。"

有一个奥运会柔道金牌得主，在连续获得203场胜利之后却突然宣布退役。那时他才28岁，因此引起很多人的猜测，以为他出了什么问题。其实不然，他是明智的，因为他感觉到自己运动的巅峰状态已是明日黄花，而以往那种求胜的意志也迅速落潮，这才主动宣布退役，去当了教练。应该说，他的选择虽然有所失，甚至有些无奈，然而，从长远来看，却也是一种如释重负、坦然平和的选择。比起那种硬充好汉者来说，他是英雄，因为他毕竟是消失于人生最高处的亮点上，给世人留下的是辉煌和灿烂。

俗话说，人无千日好，花无百日红。对于聪明的人来说，人生最大的害处不在外部，而在自己。一旦作出一番事业，就难免要居功自傲，这样做的下场往往比无所作为的人更惨。

曾有一位事业有成的企业家，当他的事业达到巅峰时，他突然感

第七章 ▼▼▼
放下，人生无需太圆满

215

觉到人生无趣，特地跑到一家远近闻名的修道院请大师指点迷津。

　　大师告诉这位对人生感到毫无兴趣和信心的企业家：

　　"鱼无法在陆地上生存，你也无法在世界的束缚中生活；正如鱼儿必须回到大海，你也必须回归安息。"

　　"难道我必须放弃自己所有的一切，进入山里修炼，才能实现自己心灵的平静？"企业家无奈地回答。

　　"不！你可以继续你的事业，但同时也要回到你的心灵深处。当回到内心世界时，你会在那里找到祈求已久的平安。除了追求事业的目标外，生命的意义更值得追寻。"大师说。

　　在喧闹的人群里，我们往往听不见自己的脚步声。远离喧闹的人群，学会放下，才能让我们重新认识到自我的存在。

　　急流勇退是一种睿智的生活态度，君子所重不在结果的功成名就，而在过程中的尽力而为。凡事发展到顶峰，随后而来的就是衰退和败落，聪明的人不会贪图虚荣，不会放不下功名利禄这些身外之物，否则只能羁绊住自己。所以，所有高明的赌徒都懂得在适当的时候离开赌桌，一旦获得足够的成功——即使没有更多的成功，他们也会见好就收，因为他们知道接踵而来的好运永远都会伴随着更大的危险，当你还在那份幸运中悠然自得时，好运很可能会摔倒，并把所有的东西撞得七零八落。

　　所以，做人做事要懂得适可而止，不要过了头。一件事做久了，就会形成一种惯性，让人欲罢不能。权力也好，荣誉也罢，人的欲望如果不适时地加以遏制，就会逐渐膨胀，难以驾驭。这时，你就需要停顿一下或者后退一步，就像音乐需要休止符，照片需要留白，绘画需要淡彩一样。不论你是在职场，还是在朋友中，都要善识时务，懂得退让之道，不要由着自己的性子来，退一步可能会更好。今天的放弃，正是为了明天的得到。有时候，放弃是我们对自己人生的清醒选择。只有懂得放弃，彻悟人生，才能笑看人生，拥有海阔天空的人生境界。

心灵点滴

水太满会溢，剑太尖利会断，物极必反，这是世间的真谛。

7. 放弃也是快乐

放弃，对于心境是一种宽松，对心灵是一种滋养，它可以驱散乌云清扫心房。有所放弃，人生才能有爽朗坦然的心境；有所放弃，生活才会阳光灿烂。

生活中，有些人只知一门心思地升官发财，从不知停手，也不想停手。他们的贪欲很大，永不满足，所以错过了人生的幸福与快乐。像《红楼梦》中的"好了歌"所唱的那样："世人都晓神仙好，只有金银忘不了，终朝只恨聚无多，及到多时眼闭了。"

相传上古时代南方有一只千年老蜗牛，硕大无比。蜗牛的左角上有一个国家，名叫"触氏"，蜗牛的右角上有一个国家，名叫"蛮

氏"。两国的土地极其肥沃，抓一把就可以攥出油来。按理，这两国足以丰衣足食，安居乐业，高枕无忧，享受太平。可是"蛮氏"国的酋长是瞅着对方的那片土地直咽口水，有这份霸占的心理。于是，在一个月黑风高之夜，"蛮氏"国的酋长纠集了国内二万八千将士，直扑"触氏"。

然而"触氏"首领也是爱占便宜之辈，老是想着怎么能在铁公鸡身上拔出毛，蛤蟆身上取四两肉来，免不了向邻国偷偷摸摸，蠢蠢欲动，企图吞并"蛮氏"。这一来正好下山虎遇着上山虎。"触氏"首领决定乘此良机，一举占领"蛮氏"，当即召集了三万条好汉，群情激愤，直扑"蛮氏"。

朝阳初开的时刻，触蛮两国兵马在蜗牛头上的这一片开阔地上短兵相接，无须下令，五万八千条汉子便胡乱砍杀起来。弄得血肉横飞，鬼哭狼嚎，飞沙走石，日月无光。三天之后，触蛮两国全军覆没，蛮氏酋长被拦腰斩成两段，触氏酋长身首异处。一眼望去，尸横遍野，阴风惨惨。多少年后，有一位骚人墨客途经此方，凭吊之际，但见尸骨遍野，不禁哀吟道："鸟无声兮山寂寂，夜正长兮风渐渐。魂魄结兮天沉沉，鬼神聚兮云幂幂。日光寒兮草短，月色苦兮霜白。伤心惨目，有如是耶？"

《菜根谭》中说："世事如棋局，不着得才是高手；人生似瓦盆，打破了方见真空。"能够将无谓的欲望看清的人，才是拥有一定思想境界的人。对一个东西看得过重，就容易心态失常，有时，懂得给自己减压，学会放弃，反而能使自己的人生获得更多的快乐。

一位富翁背着许多金银财宝去寻找快乐。他走南闯北，跋山涉水，累得筋疲力尽也没有找到快乐，沮丧地倒在山路旁喘粗气。一个农夫背着一大捆柴草唱着歌从山上走下来。富翁对农夫说："我是个富翁，请问，为何找不到快乐呢？"农夫放下背上沉甸甸的柴草，揩着汗水说："其实快乐很简单，放下了，不就是快乐吗？"富翁顿时开窍：自己背负那么贵重的财宝，怕别人抢劫，恐他人暗害，整天忧心忡忡，快乐从何而来？于是，富翁将珠宝和钱财接济给穷人，以慈悲为怀，一心专做善事，于是尝到了人间快乐的味道。

生命对我们每一个人来说只有一次，我们不能让太多的无关的人、事、功名来消耗我们的光阴和智能；也不可能去成就许多种事业，做到名利双收，事事如意，更不可能和那些消耗我们的人，事来打持久战，这就需要我们学会放弃。

所以，"做人要懂得放弃"。这可以看作是一个人立身于世所必备的基本能力和素质，也可以看成是关键时刻所表现出来的个性与态度。它大到可以决定一个人命运的战略举措，小到一个人日常举止的每一个细节。它既包括获取物质财富的绝妙策略，也包括对自我精神的完美塑造。可以说无数成功人士都是精于做人之道的高手，他们纷纷将成就归功于放得下的策略。所以，朋友们，别忘了放弃就会快乐。

心灵点滴

放弃是一种觉悟，更是一种自由。如果不懂得放弃的艺术，我们就难免会使自己失去一切。

8. 丢掉压力，放松自己

这就像我们背负着压力一样，如果我们一直把压力放在身上，不管时间长短，到最后我们都会觉得压力越来越沉重而无法负担。所以，我们必须做的就是放下，如此，我们才能走得更远。

日复一日，年复一年，我们忙于创造丰富的物质生活条件，把自己当成一架永不生锈的挣钱机器，而忽略了身心的成长和娱乐，给自己带来许多不必要的紧张与压力。试想，人生如果失去了娱乐，只是工作，为活下去而工作，那还有什么幸福可言呢？

流年似水人生短。为了不虚度光阴，使人生尽可能辉煌，我们的确应该追求拥有，努力用智慧和汗水创造业绩。然而，我们也应该正确看待失去，学会从容地接受失去，让心灵得到休憩。

有一位讲师在讲授压力知识的课堂上拿起一杯水，然后问学生说：各位认为这杯水有多重？

学生有的说20克，有的说500克不等。

讲师则说：这杯水的重量并不重要，重要的是你能拿多久？拿一分钟，各位一定觉得没问题；拿一个小时，可能觉得手酸；拿一天，可能得叫救护车了。其实这杯水的重量是一样的，但是你拿得越久，就觉得越沉重。

人类给自己创造出一个世界，原本是想给自己带来幸福和快乐，结果是被这个创造的世界所束缚，以至忘掉人生本来的目的。这该是人类的悲哀，但人类终究是自然的，一颗来自自然的心总有逃离世界、回归本真的欲望，这不是精神的脆弱，也不是无聊的追求，而是人在本质上真正的需要。所以，给一点儿时间关照自己的心灵，应该是我们对自己的慈悲。

人真正属于自己的，其实只有自己的心灵，我们不关照它，还会有谁来关照呢？对自己的心灵，慈悲一点儿吧！

下列六种技巧是从经验中总结的，工作压力一旦使人情绪激动无法平静时，试运用以下六种技巧定能获得极佳的效果。很多人使用过这些处方，而他们照做之后效果均非常好。

第一，放松全身，将背部挺直，靠背静坐。首先让你的身体完全靠在椅子上，用心放松全身的筋骨，从头到脚趾都处于无力的状态，而后念道"我的脚趾、手指、脸部肌肉都已放松了"，以确认真的轻松舒坦。

第二，使用松弛法。这是一种放松身心的方法。具体做法是：被人激怒后或十分烦恼时，迅速离开现场，作深呼吸运动，并配合肌肉的松弛训练，甚至可做气功，全身放松，以意导气，逐渐入境，摒除脑海中的一切杂念。

第三，回想曾经欣赏过的优美风景。例如笼罩于朝霞中的山岳、晨光里的峡谷、夕阳下的森林或是海上月光之类的影像，让它们恣意回旋于胸中。

第四，懂得平心法。这是保持自我心情平静的一种方法。可以尽量做到"恬淡虚无"、"清心寡欲"。如果你与世无争，不为名利、金

钱、权势、色情所困扰，不贪不沾，看轻身外之物，同时又培养自己广泛的兴趣爱好，陶冶情操，充实和丰富自己的精神生活，可使自己常常处于恬淡、怡悦的宁静心境之中。

第五，安静地想象自己的灵魂是无波无浪的水面，假如心中翻搅如狂风巨浪，又怎能得到平和呢？

第六，保持心闲法。通过闲心、闲意、闲情等意境，来消除身心疲劳，克服心理障碍。不要活得太累，人生无非就是潇洒走一回。心情豁达，遇事想得开，何来烦恼？

 心灵点滴

一个会放松的人，是一个有效率的人，也是一个懂生活的人。

9. 舍之有道， 取之有度

有些人把钱财看得太重，看到别人富了，他眼红不择手段千方百计地想得到钱财。对这些人来说钱财不仅是烦恼，而且能使其丧命，当然不会给他们带来快乐。

有弟兄两人，老大贪财，成为财主；老二勤俭，过着贫穷的日子。

可是有一天，老二意外地遇到了一只神鸟，把他驮到了太阳山，那里有无穷无尽的宝藏，老二只拿了一点儿就走了。这一点儿就已经使他过上了好日子。

老大知道了这件事情，他也找到了神鸟，要求驮他去太阳山，神鸟答应了，也把他驮到太阳山。他看见漫山遍野的宝藏，就企图全部拿回去，什么都舍不得丢下。虽然，神鸟提醒他如果不放弃这些财宝，就会被太阳发现，难以活命。但是，贪心使他放弃不了这些财宝。

结果，太阳回来了，老大被烧死在太阳山。

俗话说："人为财死，鸟为食亡。"钱财确实给人带来了不少快乐，但也给人带来不少烦恼。

有一句西方谚语也道："金钱是走遍天下的通行证——除了到天堂之路；金钱也能买到任何东西——除了幸福。"是的，金钱可以换来舒适的生活，却很难换到幸福。我们不可把单纯的物质享受、口腹之欲的满足同幸福混为一谈。

所以，我们应该懂得放弃，有时只有放弃才能保证生存。中国古代早就流传这样一句话：留得青山在，不怕没柴烧。这句话就是教人懂得放弃，适时放弃才能有所收获。

一首诗形容农夫插秧："手把青秧插满田，低头便见水中天；身心清净方为道，退步原来是向前。"成功往往蕴含于取舍之间，虽然不少人素质很高，但他们因为总是不顾一切地向前争取，难以舍弃眼前的蝇头小利，而忽视了更长远的目标，于是就给自己的生存带来了威胁，甚至失去了生命。如果这时候懂得取舍之道，世界还是一样会有其他更宽广的空间。正如非洲的猴子，手伸进玻璃瓶里抓住了果实不肯放弃，结果活生生地被人逮住。成功者有时只是抓住了一两次被人忽视的机遇，而机遇的获取，关键在于你是否能够在人生道路上进

行勇敢的取舍。

"盛极必衰，物极必反"，这是事物发展的必然规律。自古以来，人的取舍原本就不是件容易处理的事情，尤其是"舍"，但是不管个人的主观愿望如何，只知道"取"而不知道"舍"，这种态度是不可取的。

 心灵点滴

取得往往容易接受，而放得下需要巨大的勇气。若想驾驭好生命之舟，取舍是每个人都面临着一个永恒的课题。

10. 抛开对未来的过分忧思

在物欲横流的今天，时时都需要你作出选择，而更多的则是放弃。与其说是抉择得好，不如说是放弃得对。人生苦短，要想获得越多，就得放弃越多。过去的事情既然已经成为过去，在耿耿于怀也无济于事。人的一生需要背负的东西太多了，如果不懂得放弃，那将越走越累。聪明的人总是能把不愉快的事情放逐，选择快乐的道路继续前进。快乐与痛苦都源于我们自身。

一天，在非洲草原上，太阳刚刚升起，一头狮子对自己说："我必须不断地奔跑，未来我才能不断地扑捉到羚羊，才可以顿顿有美味大餐。"一只羚羊对自己说："我必须练习奔跑，不断提高自己的奔跑速度，这样在未来我才能保住性命，不被狮子捉住。"

生活中，很多人其实都是狮子和羚羊的缩影，他们总是为自己的未来担忧，担心自己哪天被淘汰，担心自己拥有的财富哪天会消失，担心自己有一天会变成难看至极的老太婆，担心自己爱人会喜欢上别人，另寻新欢，担心自己的孩子将来没有朋友的孩子优秀……然而，他们却忽视了这种对未来的忧思给自己现今的生活所带来的苦恼，这种过分忧思使得他们整日坐立不安、日夜煎熬，这不仅对未来没有好处，而且对于眼下的生活也没有一丝的好处，无形之中，只会给他们带来越来越多的苦恼。

当然，我们不主张像羚羊与狮子一样总是对自己的未来充满忧思，并不是说要安于现状，而是要懂得享受生活。试想，如果你一直生活在对未来的忧思中，那么你的疲惫感、挫折感、危机感、失落感就会与日俱增，而人生也就没有什么快乐可言了。

所以，放下方显大智，我们的痛苦与欢乐都是源于我们的选择，坦然些，从容些！我们生活的艺术也就是学会接受和学会放弃。只有学会了取舍的艺术，当我们在面对生活的变幻莫测时，才会从容以对。

 心灵点滴

人生的态度，决定着其取舍之间的权衡；取与舍的态度，决定着人的心态；人的心态，决定着人的情绪。

11. 忘掉不开心的事

　　在当今的生活中，人们的物质生活一天天好起来，然而，忧虑之人也一天天多起来。很多时候，当代人会感到活得很累，过得不快乐。其实，在漫长的人生道路上，人只要生活在这个世界上，就会有很多的烦恼、痛苦，就要经历辛苦和艰难的折磨。然而，有烦恼并不可怕，受挫折也无须忧伤，把艰难险阻当成是人生对你的另一种形式的馈赠，坑坑洼洼也是对你的一种磨砺和考验。有了这种思想，才不会会终日郁郁寡欢，才不会觉得人生太压抑；懂得了这一点，我们才能找到希望的起点。因此，快乐与否，都由自己决定，关键在于你的态度。驾驭好自己的心态，就能告别忧虑，成为一个成熟的、有品位的人。

　　有一个人，他感到人生乏味，自己灵感枯竭，意志消沉，并且越来越严重，他只好去看医生。

　　可是，当医生对他的身体做了全面检查后，却没发现任何异常。于是，医生建议他出去旅行，到他少年时代最喜爱的地方去度一次假。度假期间，不要说话、读书、写作以及听收音机。

　　然后，医生又给他开了四张处方，吩咐他分别在度假那天的上午9点、12点和下午3点、6点打开。

　　第二天，他依照医生的嘱咐到了自己喜爱的海滩。

在上午 9 点，他准时打开第一张处方，上面写着："仔细聆听。"他当时就懵了，医生难道疯了？让我连坐 3 个小时？但他还是试着按医生的吩咐耐心地四下倾听。他听到了海浪声、鸟声，不久又听到许多从前未注意的声音。他一边聆听，一边想起小时候大海教给他的耐心、新生以及与万物息息相关等观念，他逐渐听到往日那熟悉的声音，也听出了沉寂，心中逐渐平静下来。

中午 12 点时，他又打开了第二张处方，上面写着："设法回顾。"于是，他开始从记忆里挖掘点点滴滴的快乐往事，认真地回忆那些细节，这时他心中竟渐渐升起了一种温暖的感觉。

到下午 3 点，他又打开了第三张处方，上面写着："检讨动机。"他感觉这个比较难以办到，因为人总是喜欢为自己的行为辩护，所以在追求成功、受人肯定与安全感的驱使下，他也不得不采取某些类似的举动。但他经过仔细回想之后，发现这些动机并不完全恰当，也许正因为这些原因使他陷入了低潮。于是，在回顾过去愉快满足的生活中，他终于找到了答案。

于是，他便写下了这样的一段话："我突然顿悟到，动机不正，诸事便不顺。不论邮差、美发师、保险推销员或家庭主妇，只要自认是为他人服务，都能把工作做好。若是为私利，就不能如此成功，这是不变的真理。"

到了傍晚 6 点时，他又打开了第四张处方，上面写着："把忧愁写在沙上。"他俯身用贝壳碎片写了几个字，然后转身离去，甚至连头也不回，因为他知道，潮水马上就会涌上来，字迹会消失得无影无踪。

只要打开你心中的锁，放下压在你心头的包袱，轻松上路，我们

第七章

放下，人生无需太圆满

的生活就会充满了阳光、充满了幸福，我们的心就会得到快乐。

把不开心的事情抛开，好比心中的阳光，这种心灵之光可以构筑生命和美丽，我们的心理能力在心理阳光的照射下，犹如花草树木在太阳光的照射下一样茁壮成长。所以，我们需要把不开心的事情抛开，保持快乐的心态。通过保持快乐的心态，我们就会给生活带来很多快乐。

 心灵点滴

快乐的人充满阳光般的心态，走到哪里都有很多人围绕在他身边。

12. 让怨恨转个弯

抛掉怨恨，正是以宽广的胸怀创造宽松的人际环境，让他人对你的人品倾慕，使自己具有很高的人格魅力，尤其是在竞争激烈的今天，抛掉怨恨会使人人都喜欢与你交往，所以，在处理人际关系的时候，抛掉怨恨是一个很重要的准则。

美国第三任总统杰斐逊与第二任总统亚当斯二人都是开国元勋，在各州有各自的支持者，两人也都不愿为了拉选票附和投票者的想法。最后，亚当斯以三票领先的微弱优势战胜杰斐逊。按照当时的宪法，杰斐逊充任了亚当斯的副总统，两人又开始了矛盾中的合作之路。

在亚当斯的第一任四年任期即将结束时，杰斐逊和亚当斯又一次面临总统竞选。当时，美国和法国之间的战争一触即发，亚当斯知道，只要两国开战，"亲法"的杰斐逊必将丢掉选举，但是亚当斯也知道，战争将可能给成立不久的联邦政府以毁灭性的打击。亚当斯竭尽全力避免了一场战争，但是他却放弃了选举。

杰斐逊在就任前夕，到白宫去想告诉亚当斯，他希望针锋相对的竞选活动并没有破坏他们之间的友谊。但据说杰斐逊还来不及开口，亚当斯便咆哮起来："是你把我赶走的！是你把我赶走的！"

接下来的日子，亚当斯回到麻省，重新开始了农夫生涯。杰斐逊和亚当斯几十年不相往来。直到后来杰斐逊的几个邻居去探访亚当斯，这个坚强的老人仍在诉说那件难堪的事，但接着冲口说出："我一直都喜欢杰斐逊，现在仍然喜欢他。"

邻居把这话传给了杰斐逊，杰斐逊便请了一个彼此皆熟悉的朋友传话，让亚当斯也知道他的深重友情。后来，亚当斯回了一封信给他，两人从此开始了美国历史上最伟大的书信往来。

亚当斯在农庄渐渐衰老，其间，他的女儿因癌病不幸离世，和他相依 54 年的爱妻也先他而去。亚当斯终于在孤独中再次提笔给杰斐逊写信。两人就此开始了更加频繁的书信往来。后来杰斐逊和亚当斯先后辞世。死前，杰斐逊曾望着放在自己房间里的亚当斯的雕像，而亚当斯则喃喃自语，叫的是杰斐逊的名字。

我们不是为曾经伤害过我们的人而活的，也不是为了报复而活的，在生活中，如果有人伤害了我们，而我们却终生难忘这件不愉快的事，那么最终受折磨的只能是自己，因为你难以放下。所以，不要

让曾经的怨恨再次破坏我们心灵的快乐，我们要懂得将怨恨放下，这样我们的人生才有意义可言。

其实，在人与人之间的交往过程中，贵在与人为善，抛掉怨恨，多给他人一些关怀，你会赢得更多的尊重和理解。

如果我们做到了这一点，我们的朋友也就多了，生活也就如鲜花一般绚烂多彩了。拥有了这样的人生，那么你也就是一个懂得放得下的智慧之人。

 心灵点滴

抛掉怨恨，我们生命中就多了一点儿空间。有朋友的人生路上，才会有关爱和扶持，才不会有寂寞和孤独；有朋友的生活，才会少一点儿风雨，多一点儿阳光和温暖。

13. 给心灵放个假

面对残酷的竞争和社会上的一些黑暗现象，我们应当如何来调整自我的心态，正确地看待万事万物呢？很简单，就是累了、乏了、厌了，不要一味地硬撑下去，找到合理的途径，给心灵放个假。时刻让自己意识到，我们都是有能力的，都是有价值的，都是有未来的。

好友是个贤惠的妻子、合格的母亲、优秀的班主任，一天到晚风风火火，像个上了发条的闹钟、不用挥鞭就转的陀螺。用她自己的话来说："真是累啊！"

在家忙家务，在校忙学生，本是大学中文系的她因教了英语就与文学永远地绝了缘——永不再见。很多次，我劝她读读文艺杂志，散散心，都遭到了婉言拒绝："唉，我哪有时间啊。"偶尔劝她买衣服，她会说："不行，我太忙了。"唉，真是可怜她这个美人胚子了！

有很多次，她也眼馋我的生活方式：课上得轻松，班盯得省力，家里过得悠闲。当然，她也是经常神采奕奕，但作为好友的我还是发现，年过30的她皱纹里总有掩饰不了的疲倦，也偶尔会听到她的牢骚和抱怨："怎么总觉得力不从心了呢？"

我很想轻轻告诉她，也想寄言像她这样拼命的"好战友"：给心灵放个假吧！哪怕只是一小会儿！

时常给心灵放个假，将一切多余的杂质除去，只留下性格中最纯的真金。经过这样的过程，表面上看起来错综复杂的内心世界就会呈现出越来越简单的面貌，这就是释放心灵的最大收获。

人的一生是短暂的，但在短短的几十年中，无论是谁都会遇到一些艰辛和坎坷，有时还要面对一些生活的压力。会生活的人都要懂得让自己轻松，调整自己的心态，给心灵放个假，这样我们才会感觉生活是幸福的。

 ## 心灵点滴

有形的垃圾容易处理，无形的垃圾最难处理。只要你每天清扫这些垃圾，你就能得到幸福和快乐。

14. 赢在心态

　　一个人生活在社会中，总要扮演一个或多个社会角色，每个人的角色不同，那么他或她就会有自己特殊的心态，也就必然会怀着这种心态对待生活、事业、家庭、爱情。为什么有些人就是比其他人更成功，收入更高，生活更好，身体更健康……似乎总是比别人过得更好。而许多人每天辛勤耕耘却仅仅能维持生计。其实人与人之间本身并没有多大的区别，之所以在后来的人生之中出现了如此大的差别，主要就是因为人的心态不同。

　　有两位年届 70 岁的老太太，一位认为到了这个年纪可算是人生的尽头，于是便开始料理后事；另一位却认为一个人能做什么事不在于年龄的大小，而在于怎么个想法。于是，她在 70 岁高龄之际开始学习登山，其中几座还是世界上有名的。她以 95 岁高龄登上了日本的富士山，打破攀登此山年龄最高的纪录。她就是著名的胡达·克鲁斯老太太。

　　马斯洛也曾这样说："心若改变，你的态度就会跟着改变；态度改变，你的习惯就会跟着改变；习惯改变，你的性格就会跟着改变；性格改变，你的人生就会跟着改变。"

　　中国有一位著名的国画家俞仲林，擅长画牡丹。

　　有一次，某人慕名要了一幅他亲手所绘的牡丹，回去以后，高兴地挂在客厅里。

有一天，此人的一位朋友看到了，大呼不吉利，因为这朵牡丹没有画完全，缺了一部分，而牡丹代表富贵，缺了一角，岂不是"富贵不全"吗？

此人一看也大为吃惊，认为牡丹缺了一边确实不妥，于是拿回去准备请俞仲林重画一幅。俞仲林听了他的理由，灵机一动，告诉买主："既然牡丹代表富贵，那么缺一边，不就是'富贵无边'吗？"

那人听了他的解释，觉得有理，便又高高兴兴地捧着画回去了。

一个人只有左右了自己的心情，才能左右事情，我们不是没有办法，也不是不能取得成功，而是我们自己的心情阻碍了我们取得成功。如果把人生比做海洋，那么心情就是指引航向的灯塔，使人们在暴风雨中永远不迷失方向。

而人生又是一个过程，在这个过程中，每个人都想有一个好的结局，但社会生活又不以个人的意志为转移，这样，人生就会出现矛盾，就会出现料想不到的挫折。面对这种情况，怎样才能让人生顺利地度过？只有一个办法：那就是拥有一个好心态，不断调整自己，改变自己，顺应生活，适应生活。

英国著名文豪狄更斯曾经说过：一个健全的心态，比一百种智慧都更有力量。这句不朽的名言告诉我们一个真理：有什么样的心态，就会有什么样的人生。一个人的心态，往往在很大程度上决定着这个人某一阶段的人生走向。一个人若是被不良心态所左右，他的人生航船便很有可能会搁浅，失去发展的机会；一个人若是一生持有良好的心态，那么他的人生之路就会越走越宽，生活的景色就会越来越美，生命的价值就会越来越大。

第七章
放下，人生无需太圆满

享受不再纠结的人生

15. 得意莫忘形， 失意不失志

人生就像是一次漫长的长跑，重点考验的是你的耐力和持久力。有人曾将人生比喻成一次马拉松长跑。当若干年后，你再回眸现在的自己，就会清醒地发现：原来，现在的我们还只是处于人生起跑的阶段。无论你取得多么令人艳羡的成绩，无论你考进多么光芒四射的名校，无论你现在的成绩多么不理想，无论你的现状多么不让你满意，无论你经受了自己认为多么惨痛的失败和教训，这一切都还只是处在人生的起点，一切还远着呢！请记住：得意莫忘形，失意不失志。

有一天，一个小孩子到公园里去散步，然而当他走到公园的时候，他惊呆了，因为他发现公园里的原来挺拔的橡树突然枯萎了。

后来，小男孩才知道，原来橡树开始很挺拔，因为他发现身边的松树长得是那样矮小，于是，他很得意，每天在松树面前炫耀自己。松树看到自己在橡树面前是那样不起眼，心理感到十分郁闷，于是，不久就悲观而死。然而，正当橡树得意洋洋的时候，一天，他突然发现葡萄树居然能结出一串串的葡萄，心理顿生嫉妒之心，心想：为什么他能结出葡萄，而我这么挺拔的身躯不能结出葡萄呢？于是，他感到非常抑郁，以后每天都垂头丧气，没精打采，结果最后抑郁而终。

记得有位哲人说过："每个人的一生都是战役——多事多难的漫长战役。"得意和失意总是相伴而生、相随而来。我们得意时千万别忘形，因为得意往往是一时的，不可能永远得意。

石油大王洛克菲勒说过："当我的石油事业蒸蒸日上时，每晚睡觉前总是拍拍自己的额头说：'别让自满的意念，搅乱了你的脑袋。'我觉得我的一生进行这种自我教育，益处很多。因为经过这样的自省后，我那沾沾自喜、自鸣得意的情绪，便可平静下来了。"

俗话说"谦受益，满招损"，那些才华出众又喜欢自我夸耀的人，必定会招致他人的反感，暗中吃大亏且不自知。有锋芒也有魄力，在特定的场合显示一下自己的锋芒，是很有必要的；但是如果太过，不仅会刺伤别人，也会损伤自己。做大事的人，过分外露自己的才能，只会招致别人的嫉妒，导致自己的失败，无法获得事业的成功。更有甚者，不仅会因此失去前途，还会累及身家性命。

《三国演义》中当姜维斥责魏延时说："反贼魏延！丞相不曾亏你，今日如何背反？"魏延横刀勒马而言曰："伯约，不干你事。只教杨仪来！"杨仪在门旗影里，拆开锦囊视之，如此如此。杨仪大喜，轻骑而出，立马阵前，手指魏延而笑曰："丞相在日，知汝久后必反，教我提备，今果应其言。汝敢在马上连叫三声'谁敢杀我'，便是真大丈夫，吾就献汉中城池与汝。"魏延大笑曰："杨仪匹夫听着！若孔明在日，吾尚惧他三分；他今已亡，天下谁敢敌我？休道连叫三声，便叫三万声，亦有何难！"遂提刀按辔，于马上大叫曰："谁敢杀我？"

第七章
放下，人生无需太圆满

一声未毕，脑后一人厉声而应曰："吾敢杀汝！"手起刀落，斩魏延于马下。众皆骇然。斩魏延者，乃马岱也。原来孔明临终之时，授马岱以密计，只待魏延叫时，便出其不意斩之；当日，杨仪读罢锦囊计策，已知伏下马岱在魏延身边，故依计而行，果然杀了魏延。

可见，在任何时候都不要让得意冲昏了头，要懂得低调做人。像上文中，在蜀国的全盛时期，魏延也算是一员猛将，但在"五虎将"面前还算不了什么。在经过东征西伐之后，"五虎将"相继死去的时候，魏延就成了无人能敌的战将，他也由此有了值得骄傲的资本。但魏延并不像诸葛亮那样为蜀国大业鞠躬尽瘁、竭尽忠诚，而是想自图霸业。他此时的心态已膨胀得不能自控，仿佛觉得他已经是天下第一高人，无人能与其匹敌了，于是他得意忘形起来，结果最终落得如此下场，这是可悲的。所以说，身处顺境不能忘形，必须格外谨慎，否则恶念和恶行就会趁隙而入。在遇到挫折的时候不能自卑，要用积极的态度去面对，吸取经验教训，坚持住自己心中的理想，总结经验，不畏困难，继续前进。

得意不忘形，是做人的品质；失意不失志，是积极的人生态度。得意和失意都是人生弥足珍贵的财富。人生没有永远的得意与失意，只有永远的追求与前行。

 心灵点滴

人生，没有谁是永远的赢家，一如没有谁是永远的败者，所以胜利时需淡然，失败时需坦然。

第八章

活在当下，大彻大悟的智慧

　　真正的满足不是在"以后"，而是在"此时此刻"，那些想追求的美好事物，不必费心等到以后追求，其实现在便已拥有。或许人生的意义，不过是嗅嗅身旁每一朵绮丽的花，或是享受一路走来的点点滴滴而已。毕竟，昨日已成历史，明日尚不可知，只有现在才是上天赐予我们的最好的礼物。

1. 只有今天属于你

人生中，有时我们拥有的内容太多太乱，我们的心思太复杂，我们的负荷太沉重，我们的烦恼太无绪，让我们难以割舍的事情又太多，这就需要我们用良好的心态去权衡和对待。

一个人只有立足当下，才能彻悟人生、笑看人生，才能拥有海阔天空的人生境界。

长长短短的人生路上，生而为人，一旦有了明确的目标，就不要在意这样那样的牵绊，要紧的是不懈不息地去探寻、去追求。

有个小和尚，每天早上负责清扫寺院里的落叶。清晨起床扫落叶实在是一件苦差事，尤其在秋冬之际，每一次起风时，树叶总随风飞舞。每天早上都需要花费许多时间才能清扫完树叶，这让小和尚头痛不已，他一直想要找个好办法让自己轻松些。

后来有个和尚跟他说："你在明天打扫之前先用力摇树，把落叶统统摇下来，后天就可以不用扫落叶了。"小和尚觉得这是个好办法，于是隔天他起了个大早，使劲地猛摇树，这样他就可以把今天跟明天的落叶一次扫干净了。一整天小和尚都非常开心。

第二天，小和尚到院子里一看，他不禁傻眼了。院子里如往日一样满地落叶。老和尚走了过来，对小和尚说："傻孩子，无论你今天怎么用力，明天的落叶还是会飘下来。"

小和尚终于明白了，世上有很多事是无法提前的，唯有认真地活在当下，才是最真实的人生态度。

人生是有限的，昨天已经过去，明天还没有来，只有今天属于自己，属于已经兑现了的现在。但在很多时候，人们却把时间用在了思前想后上，用在了沉湎旧事、旧情、旧物上，用在了对往事中某些失误的悔恨上，或者用在了对以后岁月的空想上，而这一切都是没有效益的，都是对时间的浪费。为已经过去的事情忏悔、愁闷、叹息实在是毫无价值的，这样做不但浪费了你的时间，浪费了你的情感，也浪费了你的精力，浪费了你宝贵的生命。直到有一天死亡的阴影笼罩了你，这时你才悚然而惊：糟了，只想着过去的事情了，怎么生命这么快就走到尽头了。那些未尽的责任怎么办？那些未了的心愿怎么办？那些未实现的诺言怎么办……面对生命终结的通知书，人们却已无从选择。追悔也罢，遗憾也罢，这个结局无人能够更改。所以，珍惜当下，立足当下，这是一个人大彻大悟的智慧。

心灵点滴

人的一生是由无数个今天构成的，不会珍惜今天的人，既不会感怀昨天，也不会憧憬明天。

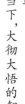

2. 活着是一种幸福

想想看，你这一生是怎么过的：年轻的时候，你拼了命想挤进一流的大学；随后，你巴不得赶快毕业找一份好工作；接着，你迫不及待地结婚、生小孩；然后，你又整天盼望小孩快点长大，好减轻你的负担；后来，小孩长大了，你又恨不得赶快退休；最后，你真的退休了。不过，你也老得几乎连路都走不动了……你突然发现，正想停下来好好喘口气，可是，怎么生命就这样要结束了？

这不就是大多数人的写照吗？他们劳碌了一生，时时刻刻为生命担忧，为未来作准备，一心一意计划着以后发生的事，却忘了把眼光放在现在，等到时间一分一秒地溜过，才恍然大悟"时不我予"。这样，痛苦也就产生了。其实，生活中我们需要的不多，是我们想要的太多。

一位人去世了，朋友们都来参加他的追悼会。昔日前呼后拥、香车宝马的人躺在骨灰盒里，百万家财不再属于他，宽敞的楼房也不再属于他，他所拥有的只有一个骨灰盒大小的空间，填满了山珍海味的肚子也化成了一把灰烬。

从那人的追悼会上回来，几乎每一个人都会产生看破红尘的念头：那么聪明的一个人，那么会算计的一个人——每一个与他斗的人最终都败下阵来，可是他斗来斗去也斗不过命；撒手人寰以后，一切都是空。

人们想：趁现在好好活着吧，活着就是幸福！什么名呀利呀，权呀势呀，轰轰烈烈了一世，最后还不是一个人孤零零地走路？以前踩着那么多人的肩膀向上爬，得罪了那么多人，值吗？

追悼会是一次洗礼。从死者的身边经过以后，才知道活着是怎么回事。

一边是死亡的震撼，一边是活着的琐碎，我们很容易被死亡所震撼，然而我们更容易被活着的琐碎所湮没。不要去在意那些繁杂的纠葛，活着就是幸福，让我们好好珍惜现在鲜活的生命。

其实，活着也是一种责任，对每一个爱你的人来说，活着就是对他们最根本、最完整的报答，生命不是我们自己的，我们没有权利选择生，也没有权利选择死，爱自己，爱别人，这才是生命的意义。

有位心理学家接到一个朋友的电话，说：累了，真的，真的不想活了，死是一种解脱。是的，死是一种解脱，但仅仅是对于去了的人而言，而留下的人呢？你的解脱所带给他们的痛苦，要大于你生存的痛苦，这是一种极其不负责任的行为。属于你的苦你就要承受，无论是生是死，你都不能把它们强加于那些爱你的人的身上，因为爱毕竟没有错。活着，在你最不堪的时候，你只要做到仅仅是活着就够了；死亡是一种诱惑，它不是牵引；什么都可以放弃，唯有生命不能。

雷锋说："自己活着，就是为了使别人活得更美好。"是啊，对于家人、朋友，对于那些关心我们的人而言，我们能够健康、平安就是他们最大的安慰。可是生命是那么脆弱，在战争、疾病、车祸、事故、

第八章
活在当下，大彻大悟的智慧

伤害面前它是那么不堪一击，一旦破碎就无法修复，所以，不管富贵还是贫穷，我们都要好好地活着。

其实，人生的得与失、是与非，在死亡面前是那样微不足道。只要生命存在，还有什么比这更重要的呢？还有什么值得担心的呢？还有什么不幸福的呢？所以，不论我们在人生路上遇到什么，都应该放开胸怀，拥抱这个世界，让这个世界多一份关怀、多一份爱，人活着就是一种幸福。

每个人都有自己的目标及梦想，这种想法无可厚非，因为每个人都有得到自己梦寐以求的东西的权利；但是这种执著的追求可能会造成困扰，那就是你忽略了今天，也就是忽略了身边美好的事物，忽略了享受生活本身。无论你的目标是结婚、变成百万富翁、改变全世界，还是成为人人尊敬的对象，都不能让它带你走上充满诱惑的路径。一旦未来比现在更有趣味，目的地的重要性就会比过程还高，于是你就会过于执著于遥远的未来，而忽略了现在。要知道现在才是最美好、最难能可贵的。

 心灵点滴

在人生的道路上，不要渴求太多，只要活着就是莫大的幸福。

3. 甩开烦恼， 憧憬生活

"活在当下"，是经常用来劝导人们的一句智语。那么，什么叫做"当下"呢？简单地说，"当下"就是指你现在正在做的事、生活的地理环境和人文环境。"活在当下"，就是要求人们把生活中所关注的焦点，集中在现在所处的人、事、物上面，全心全意地去接纳它们，认认真真地去品尝它们，客观大度地去体验它们。

记得契诃夫在小说《装在套子里的人》里面描写了一个叫别里科夫的人，一个生活在忧虑中的人。他只要出门，哪怕天气很好，也总要穿上套鞋，带着雨伞，而且一定穿上暖和的棉大衣。他的伞装在套子里，怀表装在灰色的鹿皮套子里，有时他掏出小折刀削铅笔，那把刀也装在一个小套子里。他的脸似乎也装在套子里，因为他总是把脸藏在竖起的衣领里。他戴墨镜，穿绒衣，耳朵里塞着棉花，每当他坐上出租马车，一定吩咐车夫支起车篷。而他对于一些事的表达方法都是："当然，行是行的，这固然很好，可是千万别出什么乱子。"对于四十多岁还没成家的别里科夫来说，恋爱、结婚实在是一大乐事，可他迟迟不敢求婚，是因为害怕结婚会闹出什么乱子来。当他被柯瓦连科从楼上推下来，他最害怕的是"这样一来，全城的人都会知道这件事，还会传到校长耳朵里去，还会传到督学耳朵里去。哎呀，不定会

闹出什么乱子！"因此，他实际上是死于惊恐和担忧。

生命是可贵的，我们没有必要给自己徒增烦恼，这是一种不明智的表现。对于任何人来说，生命仅有一次，而在这短暂的生命中，我们往往只有在即将失去的时候，才会觉得生活中那些烦忧是多么的渺小、多么不值得一提。所以，我们不应该在昨天寻觅什么，也不应该向明天去祈求什么，最重要是怎样对待今天，在这有限的时间里努力学习，抓紧今天的分分秒秒，用今天的努力去弥补昨天的空隙，去实现明天崇高的理想。因此，我们必须善待生命，珍视生活中的点点滴滴，抛去所谓的烦忧，感受生活的幸福。

《只为今天》一书中写道：

1. 为了今天，我要保持快乐。正如林肯说的："大部分的人只要下定决心都会很快乐。"这句话是对的，快乐是来自内心的，而不是存在于外界。

2. 只为今天，我要让自己适应一切，而不去试着调整一切来满足我的欲望。我要以这种态度接受我的家庭、我的事业和我的运气。

3. 只为今天，我要爱护我的身体。我要多加运动，照顾和珍惜它，不损伤和忽视它，使它能成为我争取成功的好基础。

4. 只为今天，我要加强我的思想。我要学一些有用的东西，绝不做一个胡思乱想的人。我要看一些需要思考、更需要集中精神才能看的书。

5. 只为今天，我要用三件事来锻炼我的灵魂：我要为别人做一件好事，但不让人家知道；我还要做两件我并不想做的事，而这就像威廉詹姆士所建议的，是为了锻炼。

6. 只为今天，我要做个讨人喜欢的人，外表要尽量修饰，衣着要尽量得体，说话低声，举止优雅，丝毫不在乎别人的毁誉。对任何事都不要挑毛病，也不干涉或教训别人。

7. 只为今天，我要试着只考虑怎么度过今天，而不把我一生的问题一次解决。因为，我虽能连续 12 个钟头做一件事，但我不能将一辈子的事情用一天做完。

8. 只为今天，我要订下一个计划，我要写下每个钟点该做些什么事。也许我不会完全照着做，但还是要订下这个计划，这样至少可以避免两种缺点：过分仓促和犹豫不决。

9. 只为今天，我要为自己留下安静的半个钟头，轻松一下。在这个半个钟头里，我要使我的生命更充满希望。

10. 只为今天，我要心中毫无惧怕。尤其是，我不要怕快乐，我要去欣赏一切的美，去爱，去相信我爱的那些人会爱我。

总之，不论过去多么值得流连或是多么需要悔恨，那也只是一种心理反应，"过去"已经过去，已经不再存在了；而"未来"则因为其尚未到来，也是不存在的，也没有必要去一遍又一遍地忧虑。更何况，未来是现在的延伸和发展，关注于现在，把握好现在，也就是关注并把握了未来。

心灵点滴

事实上，我们早已拥有让生活快乐起来的一切元素，缺少的只是欣赏品味的意识。

第八章 ▼▼▼ 活在当下，大彻大悟的智慧

245

享受不再纠结的人生

4. 幸福就在你身边

幸福是什么？幸福不在远方，更不在编织的梦里，而就在我们的身边，在每天的拼搏里。幸福是一种感觉、一种满足，是以平静心态下度过的每一天。

当你有心去找快乐的时候，往往找不到，唯有让自己活在现在，全神贯注于周围的事物，快乐才会不请自来。

一天，天使遇见一个农夫，农夫的样子非常苦恼，他向天使诉苦："正是农忙的季节，可我家的水牛却死了，没它帮忙，让我怎么下田耕作呢？"于是天使赐给他一头健壮的水牛，农夫很高兴，天使在农夫身上感受到了幸福的味道。

又一天，天使遇见一个男人，男人非常悲伤，他向天使诉说："我的孩子病得很厉害，但却没有钱医治。"于是天使让孩子恢复了健康，男人很高兴，天使在男人身上感受到了幸福的味道。

又一天，天使遇见一个诗人，诗人年轻、英俊、有才华且富有，妻子貌美而温柔，但他却过得并不快乐。天使问他："你不快乐吗？我能帮你吗？"

诗人对天使说："我什么都有，只缺一样东西，你能够给我吗？"天使回答说："可以，你要什么我都可以给你！"

诗人怔怔地望着天使:"我要的是幸福。"

天使想了想,说:"我明白了。"

天使随后破坏了诗人夫妻的感情,拿走了诗人的才华,毁去了诗人的容貌,夺去了诗人的财产。天使做完这些事后,便飘然离去了。当诗人饿得半死,衣衫褴褛地躺在地上时,天使把他曾经拥有的一切还给了他。

诗人搂着他的妻子,终于懂得原来幸福一直就在自己身旁,只是自己忽视了它的存在,没有以一种积极的人生态度去感受它。

可见,如果不懂得珍惜当下的生活,那么人生将变得淡然无味。

人生短暂,我们总是在苦苦追寻了一生之后才恍然大悟:原来我们要寻找的幸福早已汇聚成河,只可惜我们还没能去感受,它已随时光的流逝而匆匆离去。幸福就在现在,我们只有把握好现在,去感受当下的点滴,才能获得更多的幸福。

因为,当时光过去,我们便会明白,人生的许多际遇、缘分多是难以再次重来的。如果拥有的时候,我们不曾认真珍惜、对待,或好好把握,想做就去做,就会把许多人生的珍宝平白丢弃了。

但真实的人生,却常常如此:人往往只有在机缘不再、永远失去了之后,才明白曾经损失了什么,什么才是自己人生中最重要的,什么才是应该把握,什么才是应该放弃的。

其实想想我们自己,又何尝不希望明天会更好。对于绝大多数人来说,有些人生目标,穷其一生也无法实现,但是这并不代表我们就不能获得幸福,不能感受生命的美丽。毕竟,真正决定人生幸福与否的,不是那些伟大的目标能否实现,而是生命中那些幸福的细节和

第八章 ▼▼▼ 活在当下,大彻大悟的智慧

247

瞬间。

下面是一张期望寿命为 70 岁的人的时间分段表，它能帮助你决定怎样利用余下的时间。

如果你现在：	你已经度过了：	你还剩下：
20 岁	7300 天	18250 天
25 岁	9125 天	16425 天
30 岁	10950 天	14600 天
35 岁	12775 天	12775 天
40 岁	14600 天	10950 天
45 岁	16425 天	9125 天
50 岁	18250 天	7300 天
55 岁	20075 天	5475 天
60 岁	21900 天	3650 天
65 岁	23725 天	1775 天
70 岁	25550 天	0 天

你能明智地利用它们吗？

在这里最主要的问题是：当下的生活你是怎么度过的？

其实，开心是一天，苦恼也是一天，为什么不快快乐乐地生活呢？上天给人间最公平的东西就是时间：无论富足权贵，还是贫贱百姓，无论身体健康，抑或百病缠身，也不管是忙忙碌碌，还是闲庭信步，上天给予每个人的时间不多一分，也不少一秒，而在这公平的分分秒秒中，我们所能做的就是感受当下的幸福。

人的一生只有三天：昨天，今天，明天。你今天的一切是由你的昨天决定的；你的明天将取决于你今天的选择。生命中的每一天都是美好的，只要你用心去感受、去体会。

心灵点滴

把握住今天，胜似两个明天。最珍贵的是今天，最容易失掉的也是今天。

5. 找到生命的意义

很多的人都不明白生命的意思是什么，其实，生命并不需要意义，存在本身就是唯一的意义！只是生活中的人往往强行地去赋予它某些意义！

有篇《如果我的生命从头来过》的文章，这篇文章是美国的一位85岁的老妇人，在回顾过往生命的时候感触颇深地写下的，读来发人深省：

"我下辈子要多犯些错。我要不拘小节。我要更傻乎乎地过。我要对事情少认真些。我要更顺其自然。我要多爬些山，多在河流里游泳。我要多吃些冰淇淋少吃豆。我也许会遇上更多麻烦，但是我心中的遗憾会更少。

"我一直是那种一小时一小时、周而复始聪明理性过日子的人。我的确有过自己的美好时光，但如果能够重新来过，我肯定会拥有更多更加美好的时光。事实上，我将会尽量不去拥有什么东西，只是一个个片刻的时光，而不是那种一天接着一天过的那么多年时光。我也曾是那种不带体温计、热水瓶，甚至不带降落伞就哪儿也不敢去的人，如果我重新再来，我将会更轻便地出门，不同于以往。

"如果我能重新来过，我要在春天一到就赤脚徜徉，直至秋天终了。我要跳更多的舞，多玩几遍旋转木马游戏，也要多采些菊花。"

在85年的岁月之后，老妇人希望自己曾经多做一些新的尝试，曾经更勇于冒险，更活在当下，曾经更能够发现、享受生活的每一刻。

这恐怕也会是不少人的心声，希望曾经不那么对自己过分保护、拘谨、严肃，希望曾经不那么自我设限，能够多做各式各样的人生尝试，以放松、悠闲的心情，去欣赏、去享受人生的美好。人往往只有面临死亡的那一刻才会领悟到与生前不一样的活着的意义，这或许是人的某种悲哀吧！

而脚踏实地、懂得充分利用时间，活在当下的人，绝不会对将来的未知生活抱太多的幻想，也不会对往日的失败或者辉煌产生过多的追悔留恋，他们清楚：只有珍惜今天的生活，才不会使生命变得空虚，变得了无生趣。这就是生命的真正意义！

心灵点滴

珍惜今天，珍惜现在的财富，珍惜这份容易丧失的真实吧！

6. 留恋昨天是前进的最大障碍

无论多么风光或多么糟糕的事情，当我们经过后，都伴随着时间成为了历史，不管你怎样悔恨也不会有丝毫的改变。所以，何必太在乎过去呢！我们曾经的风光或失意，只有自己记得最清楚。能够放开胸怀，一切都会成为回忆，成为一笔珍贵的财富。

亚伦·山德士先生的老师保罗·布兰德温博士给了他上了最有价值的一课。

"当时我只有十几岁，"亚伦·山德士在讲这个故事的时候说，"可是那时候我已经常为很多事发愁，我常常为自己犯过的错误自怨自艾；交完考试卷以后，我常常会半夜里睡不着，咬着我的指甲，怕我没办法考及格；我老是在想我做过的那些事，希望当初没有那样做；我老是在想我说过的那些话，希望我当时把那些话说得更好。然后有一天早上，我们全班到了科学实验室。我们的老师保罗·布兰德温博士把一瓶牛奶放在桌子边上。我们都坐了下来，望着那瓶牛奶，不知道那跟他所教的生理卫生课有什么关系。然后，保罗·布兰德温博士突然站了起来，一掌把那瓶牛奶打碎在水槽里，一边大声叫道：'不要为打翻的牛奶而哭泣。'

"然后他叫我们所有的人都到水槽边去，好好地看看那瓶打翻的

牛奶。'好好地看看，'他告诉我们，'因为我要你们这一辈子都记住这一课，这瓶牛奶已经没有了——你们可以看到它都漏光了，无论你怎么着急、怎么抱怨，都没有办法再救回一滴。只要先用一点儿思想，先加以预防，那瓶牛奶就可以保住。可是现在已经太迟了——我们现在所能做到的，只是把它忘掉，丢开这件事情，做好下一件事。'

"这次小小的表演，"亚伦·山德士说，"我忘了我所学到的几何和拉丁文以后很久，都还让我记得。事实上，这件事在实际生活方面所教我的比我在高中读了那么多年所学到任何事情都好。它教我只要可能的话，就不要打翻牛奶，万一牛奶打翻了，就要彻底把这件事情忘掉。"

"过去的就让它过去吧"只有把握现在、把握当下，你才能把握命运。

浪漫诗人雪莱曾说："过去不等于未来，趁现在还属于自己，紧紧抓住吧！"此话深藏哲理，对我们每个人而言，只有今天才是现金，才有流动的价值。

生活中很多人为记忆而活着。记忆就像一本独特的书，内容越翻越多，而且描叙越来越清晰，越读就会越沉迷。但是，也有很多人是为健忘而活着的，过去的一切事情对他来说都是过眼烟云和耳边风，不计较过去，不眷恋历史，不翻看旧账，只顾眼前和现在。

心理医生接待了一位患者，这是一名建筑工人，干这一行许多年，但是，始终没有任何成就感，相反，他恨自己，有时甚至想从建筑工地的高楼上跳下去一死了之。

为了帮助他，医生询问他过去的生活。

他说，他这一生总是有摆脱不完的烦恼。小时候上学，老师说他傻，他忘不了那句话，从那以后，他一直恨自己。学习成绩一落千丈，好几门功课都不及格，最后不得已而逃学了。从此，他认为自己就是失败者。

确切地说，这是矛盾的，因为他取得了很大的成就。他在建筑业萧条的时候当上了建筑工人，而且干了好长一段时间。他当过兵，后来结了婚，现在有一儿一女。他的儿子在一家外企工作，曾向他介绍过这位医生写的书。他因此来找这位医生，希望能得到帮助。

"你应该这样对待自己，"医生说，"你失败过，你为什么就不能有失败呢？每个人都会有失败，但你应该看到成功的。摆脱过去，看一看自己已经取得的成绩。这些年来，你工作稳定。你已成为一个有用的人，也结了婚，现在儿子已有了稳定的工作，女儿也在读研，你用自己的辛勤劳动支持他们，看到他们成长，你想，这不是成功又是什么呢？"

他脸上掠过一丝微笑，"我从来没那么想过。"他说。

"别再依依不舍这些失败了，"这位医生说，"你已经成功了，想想这些成功吧。这样，你就会知道什么叫享受，你就会笑得更多。"

过去无论是快乐还是痛苦，我们都要勇敢地接受，都要勇敢地走出来，去迎接未来的风雨或幸福。只有从过去中走出来的人，才会经受更多的洗礼，才会经历更多的风雨，见到更多、更美丽的彩虹。

所以，幸福就是现在，就是当下，就是这一时、这一分、这一秒，只要我们把握好此时此刻，去感受它，幸福就会与我们不期而遇。

第八章
▼▼▼
活在当下，大彻大悟的智慧

心灵点滴

抓住了今天，才谈得上积极进取，力争上游；抓住了今天，才不致于被时代淘汰；抓住了今天，才不致于处处被动，以致于在急剧变化的形势下手足无措。

7. 昨天总要在今天归零

人生中，有时我们拥有的内容太繁多，我们的心思太复杂，我们的负荷太沉重，我们的烦恼太无绪，让我们难以割舍的事情又太多，这就需要我们用良好的心态去权衡和对待。

很久以前有一个女人，与丈夫相依为命，不料丈夫突然得了重病，不治而亡。

女人感觉天仿佛塌下来一样，她不吃不喝，哭呀哭呀，只想与丈夫一道离开人世。这时一位大师云游路过此地，问这位女人道："你想不想让丈夫活过来呀？"

女人一听，精神倍增，说："当然想呀，你有什么办法吗？"

大师道："你如果能找来一种香火，我便可以拿着此火为你丈夫许愿，叫你丈夫复活。"

"那是什么样的香火呢？"女人问。

"这种香火就是从来没有死过人的人家燃着的香火，你去把它找来吧。"大师说。

女人听了大师的话，便四处讨香火去了。

每到一户人家，女人就问："你家死过人吗？"

"死过，曾死过不少人呢。"

女人继续走，每到一户，她依旧问："你们家以前死过人吗？"

"死过，我们的祖先都在我们前面死了。"

"怎么会没死过人呢？"回答几乎千篇一律。

女人跑了许多路，问了不知多少户人家，每家的回答几乎一模一样。无可奈何，她回来了，告诉大师："我已经遍求所有人家，却没有一家没有死过人的，看来，这样的香火我是取不来了。"

大师说："既然如此，你又何必为死了丈夫而过度悲伤呢？"女人恍然大悟，转身回家去了。

人生需要随时面临抉择，不放弃过去的伤痛就永远也无法尝试新的快乐；不埋葬旧的记忆就无法面对新的开始。

今天的放弃，正是为了明天的得到。人想要生活，就要不断地面对选择，有选择就会有放弃。忘掉过去是顾全大局、丢掉人生的种种包袱轻装上阵，是我们对自己人生的清醒选择。

以前的经历可以成为我们以后的借鉴，但我们不可因此背上包袱，我们还有很长的路要走。丢掉昨天的那些失败、哭泣、烦恼，轻轻松松上路，你会越走越快，越走越欢愉，路也越走越宽。

一位武术大师曾经以一双迅猛无敌的快腿令前来与之切磋武艺的人佩服得五体投地，用"威震武林"四个字来形容这位武术大师的腿

脚功夫，实在是恰当至极。

可是，现实真如人们经常说的那样，"命运弄人"。

在一次上山采药的时候，武术大师不小心踩空悬崖，虽然命是保住了，但是双腿却齐刷刷地摔断了！一向以腿脚功夫威震武林的武术大师此时连站立和行走都成了问题，过去迅猛无敌的快腿，此时只留下一双空空的裤管。

等到武术大师从昏迷中彻底清醒过来时，弟子们几乎不敢告诉他这个惨痛的消息，他们甚至不敢想象师傅看到一双空裤管时会有怎样的反应。可是当大师看到一双空裤管时，他没有像弟子们想象的那样慌乱，更没有捶胸顿足地表达自己的痛苦和抱怨命运的不公。他让弟子把自己扶起来，平静地吃下一些饭，然后就像过去一样坐在那里练习内功了。

练习完内功，看着一脸茫然的弟子们，武术大师说道："我想说两件事：第一，以后谁还想练腿脚功夫的话，我还会像以前一样认真地教导，只不过很难再亲自示范了；第二，从今天起我要练习臂掌上的功夫，我相信自己不会因为失去双腿而变成废人，你们也不必因为师父失去双腿而放弃在武术上的修炼。"

几年以后，这位武术大师以其出色的掌上功夫赢得了更多人的敬仰。当一位多年不见的老友看到他失去双腿而流泪叹息时，这位武术大师微笑着对老友说："我把过去的一切都扔掉了，所以能轻轻松松地生活、练武，可是你怎么还让几年前的痛苦扰乱久别重逢的兴致呢？"

把昨天归零是一种幸福。因为昨天已经成为过眼云烟，再也无法挽留。如果现在，你仍为昨天取得一点成就而沾沾自喜或者因为昨天做错了一件事情而愁眉不展，那么你就永远陷入了昨天的泥潭。同时，你今天的时间也会从你的沾沾自喜或者愁眉不展中悄悄消失。人生不会永远充满诗情画意，那么快乐自在。人生中有许多苦痛、悲哀和令人厌恶、心碎的东西，如果把这些东西都储存在记忆之中的话，人生必定越来越沉重，越来越悲观，事实上的也正是如此。

当一个人回忆往事的时候就会发现，在人的一生中，美好快乐的体验往往只是瞬间，只占据很小的一部分，而大部分时间则伴随着失望、忧郁和不满足，所以，我们所要做的就要让昨天归零。要知道，我们的眼、手，我们的整个心灵和身体，都生活在现在，并且也只能生活在现在。正因为如此，我们又为什么要一遍又一遍地去回顾往日不愉快的事呢？

 心灵点滴

昨天的事情已经过去了，不管成功还是失败，都应统统忘掉。因为只有从昨天的生活中走出来，你才有新生。

8. 用心生活，精彩每一天

有些人往往有生不逢时的感叹。以为过去的时代都是黄金时代，只有现在的时代是不好的。其实，这真是大错误。凡是构成现在世界一分子的，必须真正地生活于现在的世界中。我们必须去接触、融入现在生活的洪流，必须纵身投入到现在的文化巨浪中。我们不应该生活在"昨日"或"明日"的世界中，把许多精力耗费在追怀过去与幻想未来之中。

一个生活在现实之中，而又能充分利用现实的人，要比那些只会瞻前顾后的人有用得多，成功得多，甚至完美得多。

每个人的生命都是现在时态，也就是说，一个人只能生存在今天，因为昨天已经成为过去，明天还没有到来，只有今天，生命才存在。在人类历史中，再没有别的日子比"今日"更伟大，"今日"是各时代文化的总和，"今日"是一个宝库，在这宝库中蕴藏着精华。

时当正月，你千万不要幻想于二月中，丧失了正月中可能得到的一切。不要因为你对于下一月、下一年，有所计划，有所憧憬，便虚度、糟蹋了这一月、这一年。不要因为目光注视着天上的星光而看不见你周围的美景，踩坏你脚下玫瑰的花朵。

你应当下定决心，去努力改善你现在的茅屋，使它成为世界上快乐、甜蜜的处所。至于你幻梦中的亭台楼阁、高楼大厦，在没有实现之前，还是请你凑合一些，把你的心神仍旧贯注在你现有的茅屋中。这并不是叫你不为明天打算，不憧憬未来。这只是说，我们不应当过度地集中我们的目光心力于"明天"，不应当过度地沉迷于我们"将来"的梦中，反而将当前的"今日"丢失，丧失当下的一切欢愉与机会。

人们常有一种心理，想脱离他现在所有有的不快，在渺茫的未来中寻得快乐与幸福。其实这是错误的见解，试问有谁可以担保，一脱离了现有的地位就可得到幸福呢？有谁可以担保，今日不笑的人明日一定会笑呢？假使我们有创造与享乐的本能而不去使用，怎知这种本能不在日后失去作用？

享誉世界的我国书画家齐白石先生，90多岁仍然每天坚持作画，"不叫一日闲过"。

有一次，齐白石过生日，他是一代宗师，学生、朋友非常多，许多人都来祝寿，从早到晚客人不断，先生未能作画。

第二天，一大早先生就起来了，顾不上吃饭，走进画室，一张又一张地画起来，连画五张，完成了自己规定的昨天的"作业"。在家人反复催促下，吃过饭的他又继续画起来，家人说"您已经画了五张，怎么又画上了？"

"昨天生日，客人多，没作画，今天多画几张，以补昨天的'闲过'呀。"说完又认真地画起来。

齐白石老先生就是这样抓紧每一个"今天"，也因为这样，才有他充实而光辉的一生。

聪明的人，检查昨天，抓紧今天，规划明天；愚蠢的人，哀叹昨

天，挥霍今天，幻想明天。虚度了今天，也就丧失了昨天和明天！惋惜昨天，不如充实今天！期待明天，最好抓住现在！痛悔过去，不如珍惜现在！一个有价值的人生应该是：无怨无悔的昨天，丰硕的今天，充满希望的明天！

所以，生活在今天，从现在开始，做现在的事情，只有现在才有你生活的具体内容，你才能知道你应该做什么，才能走向成功。

 心灵点滴

生活中，最重要的是今天而不是明天，只有把握好了今天，明天的幸福才会跟你拥抱。

9. 不要把事情拖到明天

在人的一生中，今天是最重要的。总寄希望于明天的人是一事无成的。只有那些懂得如何利用今天的人才会在今天创造成功事业的奠基石，孕育出明天的希望。

拖延的行为，往往会使时间白白地浪费掉，所以，要使生命有意义，就不要把事情拖到明天。

有一位女孩，从职业学校毕业，到人才市场一看，傻了眼。人家要高学历、要丰富的工作经验、要计算机证、要英语证，而自己什么都没有，一下子，她感到了生存危机。

未来怎么办？她下决心要学习，掌握知识。于是，她跑书店买最新的书籍，打电话咨询了解自学情况，制定了完整的学习计划：一、三、五学英语；二、四、六学电脑，休息日去成人教育学院听课。计划制定后，她以为大事告成，明天就会有一个灿烂的前程。

可是，几个月后，她曾经咨询过的朋友来看望，发现她的书籍整整齐齐地放在桌上，连一次都没有翻过，英语磁带连封皮都没有撕开。朋友感到非常奇怪，一问，原来，她每天都对自己说，明天开始学习，明天一定开始学习。可是，一直都有这种事情那种事情要做，就没有机会学习。结果，学习计划就成为空中楼阁，每天的日子就这样不知不觉就过去了。

还有一则故事。

在森林里，阳光明媚，鸟儿欢快地歌唱着，辛勤地劳动着。其中有一只号寒鸟，有着一身漂亮的羽毛和嘹亮的歌喉，便到处去卖弄自己的羽毛和歌声。看到别人辛勤地劳动，它反而嘲笑不已。好心的百灵鸟提醒它说："号寒鸟，快垒个窝吧！不然冬天来了，你怎么过呢？"

号寒鸟轻蔑地说："冬天还早呢，着什么急呢！趁着现在的大好时光，快快乐乐地玩吧！"

就这样，日复一日，冬天眨眼就来了。鸟儿们晚上都在自己暖和的窝里安然地休息，而号寒鸟却在夜间的寒风中冻得瑟瑟发抖，用美妙的歌喉悔恨过去、哀叫未来。

第二天太阳出来了，万物苏醒了。沐浴在阳光中，号寒鸟好不惬

261

意，完全忘记了昨天夜里被冻的痛苦，又快乐地歌唱起来。

有鸟儿劝它："快垒窝吧，不然晚上又要发抖了！"

号寒鸟嘲笑说："不会享受的家伙。"

冷的夜晚又来临了，号寒鸟又重复着昨天晚上一样的故事，就这样重复了几个晚上，大雪突然降临，鸟儿们奇怪号寒鸟怎么不发出叫声了呢？太阳一出来，大家才发现，号寒鸟早已被冻死了。

世间最宝贵的是今天，最易失去的也是今天。很多人都喜欢憧憬明天，渴望明天的太阳和今天不一样；也有一些人常常徘徊在昨天的绿洲里流连忘返，但是他们却忽略了今天。是的，也许明天很好、很美，明天的太阳比今天的灿烂辉煌，可是，一个人如果不懂得珍惜今天的时光，又怎么能谈得上珍惜明天的光阴呢？

然而，大多数的人都无法专注于"现在"，他们总是若有所想，心不在焉，想着明天、明年，甚至下半辈子的事。有人说"我明年要赚得更多"，有人说"我以后要换更大的房子"，有人说"我打算找更好的工作"，然而，很多人往往将这些想法推脱到明日中，却没有实施在今日的行动中，结果时间就这样被他拖延过去了。

每天看着钟表上的秒针一下一下地移动，每移动一下就是表示我们的寿命已经缩短了一部分；再看看墙上挂着的一张张撕下的日历，每天撕下一张就是表示我们的寿命又缩短了一天，因为时间即生命。没有人不爱惜他的生命，但很少有人珍视他的时间。如果想在有生之年使生命活得有意义、不虚此生，那么请不要把事情推脱到明天，要知道只有现在才是最重要的。所以，古人说："今日事，今日毕。"珍惜时间的人要学会的不是去奢望明天，而是要抓住当下，抓住今天，将现在作为你的起点，开始行动，这样做的时候，那么你也就有了明日的美好。一味地拖拉，只能一事无成。

心灵点滴

现在有事情，现在就做，在行动中，我们的生存才有意义。光有想法没有行动，永远只能流于空想。对于成功，后者比前者更重要，也更难做到。

10. 逝者如斯夫，不舍昼夜

子曰："逝者如斯夫，不舍昼夜。"时间就像一条河流，不会因为你而停下来，我们每个人的生命都会随着时间的河流日夜消逝，理解了这一点，你就有了生存智慧。

蒙特瑞综合医院曾经有一名医科学生，对生活充满了忧虑，他拿起了一本书，看到对他前途有莫大影响的一句话："最重要的就是不要去看远方模糊的，而要做手边清楚的事。"这句话使他成为他那一代最有名的医学家。最终，他创建了世界闻名的约翰霍普金斯医学院，成为牛津大学医学院的钦定讲座教授，这是在英国学医的人所能得到的最高荣誉，同时他还被英国皇帝册封为爵士。他死后，需要两大卷书——厚达 1466 页的篇幅才能记述他辉煌的一生。他就是威廉·奥斯

勒爵士。

他对那些耶鲁大学的学生们说，像他这样一个曾经在四所大学当过教授，写过一本很受欢迎的书的人，似乎应该有"特殊的头脑"，但其实不然。他说他的一些好朋友都知道，他的脑筋其实是"最普通不过了"。

那么他成功的秘诀是什么呢？

他认为这完全是因为他活在所谓"一个完全独立的今天"里。他这句话是什么意思？在奥斯勒爵士到耶鲁大学去演讲的几个月前，他乘着一艘很大的海轮横渡大西洋，看见船长站在舵室里，揿下一个按钮，发出一阵机械运转的声音，船的几个部分就立刻彼此隔绝开来，隔成几个完全防水的隔舱。

"你们每一个人，"奥斯勒爵士对那些耶鲁的学生说，"组织都要比那条大海轮精美得多，所要走的航程也更远得多，我要劝各位的是，你们也要学着怎样控制一切，而活在一个'完全独立的今天'里面，用铁门把过去隔断——隔断那些死去的昨天，让已死的过去埋葬掉；揿起另一个按钮，用铁门把未来也隔断——隔断那些尚未诞生的明天，'明日的重担'会成为今日最大的障碍，要把未来像过去一样紧紧地关在门外。"

"忧虑未来就是浪费今天的精力。精神的压力、神经的疲累追随着为未来而忧虑者的步伐，使其跌入深渊。把前面的和后面的大舱门都关得紧紧的，准备培养生活在'一个独立的今天'中的习惯吧。"

的确，我们拥有过去，我们也拥有将来，但我们却永远生活在现在。只有现在才是我们成功发展的时候。希望你能紧紧抓住现在这个契机。从现在开始，开开心心地度过每一天，因为生命赋予你的都值得你去珍惜。

在我的生命时间里，怎样才能不让我的生命时间白白度过？怎样才能让有限的时间产生无限的价值？

有人说：成功的人生可以被定义为幸福的不断拓展，以及有价值的目标的不断实现。成功又是一种能力，能助你毫不费力地实现愿望。然而，成功（包括创造财富）往往被人们视为一个艰苦工作的过程，并且需要以付出为代价。

你付出的东西是很多的，但是最大的代价就是生命。人们也常说：成功人生是既创造生活，又享受生活。

其实成功就是活在当下，珍惜当下的时间。

心灵点滴

昨日已成历史，明日尚未可知，只有今天可以把握。

11. 不要为明天忧虑

书上说："不要为明天忧虑，因为明天自有明天的忧虑。"的确，生活在今天，就要充分享受今天的生活；明天的事情，明天再去解决。

一个男人躺在床上翻来覆去睡不着觉，他的妻子在一旁不住地劝

慰他安心睡觉，但男人仍然睡不着。

一会儿，男人突然"腾"地一下从床上坐起来，说："老婆，明天就到还钱的日子了，如果还不上钱，银行这个月要收取我们的利息，可我们家现在没钱还啊！"

妻子听后说："别想了，安心睡吧，没钱就是没钱，想到天亮也是没钱。"

丈夫说："可是如果还不上钱，银行会把账单送到公司的，这样可不好。"

妻子说："先睡吧，或许明天早晨我们一起来，就有办法了呢，说不定我们还会把钱还上呢。"

丈夫说："不行啊，我还是睡不着。"

妻子实在没其他办法了，于是忍不住跑到门外，大喊："唉，银行，我告诉你，我丈夫明天就到还款日期了，但是，你听清楚，我丈夫没钱，明天仍然还不了你的债！"

说完，妻子回房间说："好了，现在可以安心地睡觉了。"

还有一个故事也同样发人深省：

一个妇人病入膏肓，她的生命仅剩数周了，于是，她整天思考死亡的恐怖，心情坏到了极点。蓝姆·达斯去安慰她说："你是不是可以不要花那么多时间去想死，而把这些时间用来考虑如何快乐度过剩下的时间呢？"

他刚对妇人说时，妇人显得十分恼火，但当她看出蓝姆·达斯眼中的真诚时，便慢慢地感受到他话中的诚意。

"说得对，我一直都在想着怎么死，完全忘了该怎么活了。"她略显高兴地说。

一个星期之后，那妇人还是去世了，她在死前充满感激地对蓝姆·达斯说："这一个星期，我活得比前一阵子幸福多了。"

生活是珍贵的，而珍贵的价值就是要珍惜今天，不要像那个男人一样，为明天所发生的事情而忧虑。妇人学会了珍惜今日，所以能在离开人世前感到一丝幸福，如果她仍像以前一样，一味地为明日的死而担忧，那只能是痛苦地离开人世。

前几年有本很受欢迎的书《相约星期二》，书中的主人翁莫里老人临死前想象一天最完美的生活是：

早晨起床，进行晨练，吃一顿可口的、有甜面包卷和茶的早餐。然后去游泳，再请朋友们共进午餐。我一次只请一两个朋友，于是我们可以谈他们的家庭，谈他们的问题，谈彼此的友情。然后我会去公园散步，看看自然的色彩，看看美丽的小鸟，尽情地享受久违的大自然。晚上，我们一起去饭店享用上好的意大利面食，也可能是鸭子——我喜欢吃鸭子。剩下的时间就用来跳舞。我会跟所有的人跳，直到跳得筋疲力尽。然后回家，美美地睡一个好觉。

莫里老人为自己设想了一个二十四小时的生活，只有在这个时间里，他才能充分地享受生活。所以说，生活就在当下，而不是在过去，也不是在将来，只有珍惜好当下的生活，你的人生才能了无遗憾。

我们每个人都乘坐"今天"的这班列车驶向明天，一天一个驿站，一天一处风景。趁着明天还未到来，我们应抓住今天，做现在的事情，只有现在才是你生活的具体内容，你才能知道你应该做什么，等待着你的才会是果实累累的明天、成功的明天。

享受
不再纠结的
人生

12. 珍惜现在，把握眼前的幸福

这世间最珍贵的是什么？很多人为自己曾经失去的而哀伤，很多人为自己难以得到的而愤怒不平，其实，世间最珍贵的不是"已失去的"和"得不到的"，而是珍惜现在，把握眼前的幸福。

圆音寺一根横梁上生活着一只修行了千年的蜘蛛。由于每天都能听到僧人们念经，那只蜘蛛慢慢地受了影响，渐渐地便也有了一些佛性。

一天，佛祖来到圆音寺，看见了横梁上的蜘蛛。佛祖便停下来，对这只蜘蛛说："你也受了千年的佛法熏陶，想必有了一些悟性，我来问你一个问题，你看如何？"

佛祖问到："什么才是这世间最珍贵的东西？"蜘蛛在网上踱了几步，回答到："这世间最珍贵的是'已失去的'和'得不到的'。"佛祖没有说什么，只是摇了摇头，然后离开了。

一千年的时间过去了，已经修行了两千年的蜘蛛觉得自己佛性增加了很多。佛祖再次来到圆音寺讲经，临别时，特意来到蜘蛛这里，问道："如今，你已经修行了两千年了，对于一千年前的那个问题，有什么更深刻的认识吗？"

蜘蛛说："我觉得世间最珍贵的还是'已失去的'和'得不到的'。"佛祖依然摇了摇头，若有所思地说："你再好好想想，我会再来找你的。"

又过了一千年。一日，突然刮起的大风将一滴甘露吹到了蜘蛛网上。蜘蛛望着晶莹透亮的甘露，顿生喜爱之意。蜘蛛每天小心翼翼地守护着甘露。

突然，吹起了一阵大风，甘露被吹走了。蜘蛛一下子觉得自己最宝贵的东西失去了。在这时，佛祖再次来到圆音寺，看到失魂落魄的蜘蛛，继续问道："经历了这件事，你可曾好好想过什么才是这世间最珍贵的东西？"

蜘蛛想到了甘露的离去，便对佛祖说："我深切地感受到这世间最珍贵的东西就是'已失去的'和'得不到的'。"佛祖说："好，既然三千年来你的回答依然没有改变，那我就让你到人间走一期，然后你再给我答复吧？"

修炼了三千年的蜘蛛投胎到了一个官宦人家，成为了一个大家闺秀，父亲为她取名蛛儿。蛛儿十八岁那年，登门求婚的人络绎不绝，他们都无法打动蛛儿的心，因为佛祖告诉她，她的姻缘在今年的状元庆功宴上。

新科状元郎是一位叫做甘禄的年轻人，皇帝决定在后花园为他举行庆功宴。那夜的宴席上，蛛儿见到甘禄的那一刻，突然有一种似曾相识的感觉。

状元郎甘禄在席间大展才艺，在场的那些达官显贵家的少女无一不为他的才华倾倒。特别是皇帝最疼爱的长风公主居然屈尊降贵，主动为抚琴的甘禄伴舞，但蛛儿小姐一点儿也不紧张和吃醋，因为她知道，这是佛祖赐予她的一段姻缘。

几天之后，佛祖果然为蛛儿安排了一次与甘禄见面的机会。蛛儿见甘禄并没有自己想象得那样兴奋，便提醒道："你难道不记得十八年前，我们相遇的事情了吗？"甘禄听了蛛儿的话感到很诧异，于是说："蛛儿姑娘，十八年前我们就认识了吗？应该不会吧，那时我们还是孩子呢？"

蛛儿和母亲快快地回到家，她想："既然佛祖说我和甘禄有缘，但为什么甘禄却记不起我呢？"

然而不幸的是，这件事还没等蛛儿想明白，皇帝便下召，命新科状元甘禄与长风公主完婚，而蛛儿与太子芝草完婚。

这个消息如同晴空霹雳，重重地击在了蛛儿的心上。失望至极的蛛儿准备咬舌自尽，以结束自己在这个世界上的痛苦。

就在这时，佛祖来了，他对蛛儿说："你可曾想过，甘露（甘禄）是由谁带到你的网上的呢？是风（长风公主）把它带来的，最后也是风将它带走的，所以，甘禄是属于长风公主的，他只不过是你生命中的一位过客，匆匆而来，匆匆而去。而太子芝草是当年圆音寺横梁下的一棵小草，它仰望了你三千年，爱慕了你三千年，但你却从没有低下头看过它。现在，我再来问你，什么东西才是这世上最珍贵的？"

明白了真相的蜘蛛终于大彻大悟，她对佛祖说："这世间最珍贵的不是'已失去的'和'得不到的'，而是珍惜现在，把握眼前的幸福。"

每个人都希望自己能够过得高兴一些，那么，快乐究竟是什么？有人认为快乐是有一个良好的开端和结局；有人认为快乐是在经历了挫折之后流出的幸福泪花；有人认为快乐是一种人生的态度，是人的一种状态……然而，快乐究竟是什么？其实很简单，快乐就是把握现在的幸福。所以，当慨叹时光如水时，我们更应该把握现在的幸福。

心灵点滴

世间最珍贵的不是"得不到的"和"已失去的"，而是现在能把握的幸福。

13. 做正确的事

生活中，很多年轻人最容易犯两个错误，那就是无知和好高骛远，这往往也是导致他们失败的原因。许许多多的人内心总是充满梦想与激情，却不懂得抓紧时间做正确的事。

一天，时间管理专家为一群商学院学生讲课。他站在那些高智商、高学历的学生前面说："我们来个小测验。"说完，他拿出一个大口瓶放在桌子上。

随后，他取出一堆拳头大小的石块，仔细地一块块放进玻璃瓶里，直到石块高出瓶口，再也放不下了。

他问道："瓶子满了吗？"

所有学生应道："满了。"

时间管理专家反问："真的满了吗？"他伸手从桌下拿出一桶砾石，倒了一些进去，并敲击瓶壁使砾石填满下面石块的空隙。

"现在瓶子满了吗？"他第二次问道。

这一次学生有些明白了。"可能还没有。"一位学生应道。

"很好！"专家说。他伸手从桌下拿出一桶沙子，开始慢慢倒进玻璃瓶。沙子填满了石块和砾石的所有空隙。

他又一次问学生："瓶子满了吗？"

"没满！"学生们大声说。

他再一次说："很好。"

然后他拿过一壶水倒进玻璃瓶直到水面与瓶口持平。

这时，他抬头看着学生，专家问道："这个例子说明什么？"

一个学生说："它告诉我们，无论你的时间表多么紧凑，只要你努力，你都可以做更多的事！"

"不！"时间管理专家说，"那不是它真正的意思。这个例子告诉我们：如果你不是先放大石块，那你就再也不能把别的东西放进瓶子里。"

这就是对我们生活的折射，在生活中，很多人总是说忙，不知从何时起，"忙"似乎成了他们的口头禅，也成了多数人的生活常态。忙工作、忙开会、忙应酬、忙充电……整天忙得不可开交，似乎总有做不完的事。人活在世，似乎天天都很忙。但一定要忙到点子上，绝不能瞎忙。人生的最关键就是正确地做正确的事情！记着先处理大石块，否则你的人生将难以很好地利用时间。

成功的道路千万条，而属于你的只有一条；三百六十行，行行出状元，你该选择哪一行？这里涉及到一个认识问题，简单地说，就是找准自己的位置。许多人埋头苦干，却不知所为何来，到头来发现追求成功的阶梯搭错了边，却为时已晚。因此，我们一定要找到自己真正的目标，并拟定为目标奋斗的过程，激发自己不断向前的力量。自信人生二百年，会当击水三千里。科学合理地设计自己，方能在人生道路上乘风破浪、直挂云帆。

心灵点滴

任何时候，对于任何人或者组织而言，"做正确的事"都要远比"正确地做事"更重要。

第八章 ▼▼▼

活在当下，大彻大悟的智慧